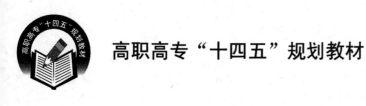

高职高专"十四五"规划教材

新编大学计算机基础

(第 2 版)

主　编　欧君才　梁　波　黎　洋　朱　熙
副主编　刘恬甜　欧丽娜　胡　蓉
主　审　刘晓芳

北京航空航天大学出版社

内 容 简 介

本书根据教育部提出的计算机教学要达到三个层次的基本要求,按照易学、易懂、易操作、易掌握的原则,依据计算机文化基础的知识体系,采用由浅入深、循序渐进、图文并茂的叙述方式,系统地介绍计算机基础知识、操作系统 Windows 7、文字处理软件 Word 2010、电子表格软件 Excel 2010、演示文稿软件 PowerPoint 2010、计算机网络与 Internet 技术基础。为满足读者参加计算机等级考试的需要,各章后均附有大量的实践训练、思考与练习。

本书可以作为计算机基础课程的教材,也可以作为计算机等级考试的参考书。

图书在版编目(CIP)数据

新编大学计算机基础 / 欧君才等主编. -- 2 版. --

北京 : 北京航空航天大学出版社,2021.2

ISBN 978 - 7 - 5124 - 3447 - 9

Ⅰ.①新… Ⅱ.①欧… Ⅲ.①电子计算机-高等学校
-教材 Ⅳ.①TP3

中国版本图书馆 CIP 数据核字(2021)第 025248 号

新编大学计算机基础(第 2 版)

主 编 欧君才 梁 波 黎 洋 朱 熙
副主编 刘恬甜 欧丽娜 胡 蓉
主 审 刘晓芳
策划编辑 冯 颖 责任编辑 冯 颖

*

北京航空航天大学出版社出版发行

北京市海淀区学院路 37 号(邮编 100191) http://www.buaapress.com.cn
发行部电话:(010)82317024 传真:(010)82328026
读者信箱:goodtextbook@126.com 邮购电话:(010)82316936
涿州市新华印刷有限公司印装 各地书店经销

*

开本:787×1 092 1/16 印张:15.25 字数:390 千字
2021 年 2 月第 2 版 2023 年 8 月第 6 次印刷 印数:17 701~20 200 册
ISBN 978 - 7 - 5124 - 3447 - 9 定价:45.00 元

第 2 版前言

计算机是 20 世纪人类最具影响力的发明创造之一。随着科技的进步与发展,以计算机技术、网络技术和微电子技术为主要特征的现代信息技术已经广泛应用于社会生产和生活的各个领域。计算机知识与技术作为人们感知世界、认识世界、改变世界的工具,是当今大学生学习现代科学知识的基础,也是大学生进入现代社会必备的重要技能与手段之一。因此,对大学生进行计算机教育是现代素质教育的重要组成部分。

"大学计算机基础"课的开设是为了开阔学生的视野,为后续课程的学习做好必要的知识准备,使学生在各自的专业领域中能够有意识地借鉴、引入计算机科学中的一些理念、技术和方法,以期在一个较高的层次上利用计算机,认识并处理计算机应用过程中可能出现的问题。

本书根据教育部计算机基础教学指导委员会《关于进一步加强高等学校计算机基础教学的意见》和《高等学校非计算机专业计算机基础课程教学基本要求》,结合《中国高等院校计算机基础教育课程体系》报告编写,旨在为高职院校学生提供一本既有一定理论基础又注重操作技能的实用教程。本书以计算机操作应用能力的培养为主要目标,符合高职院校学生的特点,注重计算机基本知识及技术的应用,强调能力的培养。

本书共 6 章。第 1 章介绍计算机基础知识,讲述计算机的发展、特点及应用领域,以及计算机的数据处理方式和计算机系统组成等,并介绍计算机的软件系统、计算机常用组件图、微型计算机系统的性能指标与配置、计算机的基本操作、使用和维护。第 2 章介绍操作系统 Windows 7,主要讲述计算机操作系统基础知识,Windows 7 的基本操作、常用功能等。第 3～5 章分别介绍文字处理软件 Word 2010、电子表格软件 Excel 2010、演示文稿软件 PowerPoint 2010。第 6 章介绍计算机网络与应用,主要讲述计算机网络基础知识、计算机网络的组成、Internet 基础、Windows 7 网络应用。各章后均配有"思考与练习"部分。

本书编者都是多年从事一线教学的教师,具有丰富的教学经验。在编写时注重原理与实践紧密结合,注重实用性和可操作性;案例的选取上注意从读者日常学习和工作的需要出发;文字叙述深入浅出,通俗易懂。

由于时间仓促和水平所限,书中难免有不当和欠妥之处,敬请各位专家、读者批评指正。

编　者

2021 年 1 月

目　录

第1章 计算机基础知识

☞**学习目标：**

◆ 了解计算机的诞生和发展。

◆ 了解计算机的分类。

◆ 了解计算机的特点及应用领域。

◆ 理解计算机的数据处理方式。

◆ 理解计算机系统组成。

◆ 掌握计算机基本操作。

◆ 学会安全使用和维护计算机。

1.1 计算机的诞生和发展

世界上第一台电子数字式计算机于 1946 年 2 月 15 日在美国宾夕法尼亚大学研制成功，它被命名为 ENIAC（见图 1-1）。该计算机是一个重达 30 t、包含 18 800 个电子管的庞然大物，它的问世标志着人类进入了一个崭新的信息时代。

这之后的 70 多年以来，计算机技术发展之快，是人类科学技术发展史中任何一门学科或任何一种发明所无法比拟的。人们一般用计算机内部所采用的逻辑元器件来代表计算机已经历的五个发展阶段（见表 1-1）。图 1-2 所示为主要逻辑元器件。

图 1-1　世界上第一台计算机 ENIAC

表 1-1　计算机的发展阶段

发展历程	电子器件	起始年份	结　　构	应　　用	我国情况
第一代	电子管	1946 年	以 CPU 为中心	使用机器语言，速度慢，存储量小，主要用于数值计算	我国于 1958 年和 1959 年先后生产了 103 型（DJS-1 型）和 104 型（DJS-2 型）电子管计算机，填补了我国电子数字式计算机的空白
第二代	晶体管	1958 年	以存储器为中心	使用高级语言，应用范围扩大到数据处理和工业控制	我国于 1964 年开始，生产了多种型号的晶体管计算机，如 109-乙型、108-乙型（DJS-6 型）、X-2 型、441-B 型等电子计算机
第三代	中小规模集成电路	1964 年	以存储器为中心	增加了多种外部设备，软件得到了一定的发展，文字、图像处理功能加强	我国于 1971 年开始，生产了多种型号的集成电路计算机，还研制了 DJS-100、DJS-180 和 DJS-200 等计算机系列

续表 1-1

历 代	电子器件	起始年份	结 构	应 用	我国情况
第四代	大规模和超大规模集成电路	1971 年	核心部件集成在芯片上	应用更广泛,很多核心部件可集成在一个或多个芯片上,从而出现了微型计算机	我国在发展集成电路方面走了些弯路,目前大规模集成电路和超大规模集成电路与国外水平相比还存在一定的差距
第五代	甚大规模集成电路	1991 年	计算机的主要部件集成到一个芯片上	计算机的主要部件集成到一个芯片上,从而出现了单片机	我国在发展甚大规模集成电路与国外水平相比差距更加明显

电子管　　　　　晶体管　　　　集成电路　　　　大规模集成电路

图 1-2　主要逻辑元器件

从 20 世纪 80 年代开始,日本、美国和欧洲国家纷纷进行第五代计算机的研制工作,但目前尚未形成一致的结论。其有几种可能:神经网络计算机(模拟人的大脑思维)、生物计算机(运用生物工程技术)、蛋白分子作芯片、量子计算机、光计算机(用光作为信息载体,通过对光的处理来完成对信息的处理)。

新一代计算机与前四代计算机的本质区别如下:计算机的主要功能将从信息处理上升为知识处理,使计算机具有人类的某些智能,故又称为人工智能计算机。目前,已经研制生产出了具有某些"情感""智力"的计算机产品,如电子导盲犬、智能无人机、探测狭隘地下空间用的电子蟑螂、进行空中探测甚至具备进攻能力的电子蜻蜓等。

我国从 1956 年开始电子计算机的科研和教学工作;1983 年研制成功 1 亿次/秒运算速度的"银河"巨型计算机;1992 年 11 月研制成功 10 亿次/秒运算速度的"银河 II"巨型计算机;1997 年研制了 130 亿次/秒运算速度的"银河 III"巨型计算机;2000 年我国自行研制成功高性能计算机"神威 I",其主要技术指标和性能达到国际先进水平,其每秒 3 480 亿次浮点的峰值运算速度使"神威 I"计算机位列世界高性能计算机的第 48 位。

2004 年我国自主研制成功的曙光 4000A 超级服务器由 2 000 多个 CPU 组成,存储容量达到 42 TB,峰值运算速度达 11 万亿次/秒。

2010 年 11 月 15 日,国际 TOP500 组织在网站上公布了最新全球超级计算机前 500 强排行榜,中国首台千万亿次超级计算机系统"天河一号"雄踞第一。"天河一号"由中国国防科学技术大学研制,部署在国家超级计算天津中心,其实测运算速度可以达到 2 570 万亿次/秒。

1.2　计算机的分类

计算机发展到今天,已经琳琅满目,种类繁多。按其本身的特性可以将计算机分为以下五种。

1. 巨型机

巨型机又称为超级计算机,具有很强的计算和处理数据的能力,主要特点是运算速度快,内存容量大,主要用来承担重大的科学研究、国防尖端技术和国民经济领域的大型计算课题及数据处理任务,如大范围天气预报,整理卫星照片,研制洲际导弹、宇宙飞船等。目前,全世界总共有数百台,其价格非常高。

2. 大中型机

这类机器通常都安装在机架内,主要特点是大型、通用,具有较快的处理速度和较强的处理能力。大型机一般作为大型"客户机/服务器"系统的服务器,或者"终端/主机"系统中的主机,主要用于大银行、大公司、规模较大的高等学校和科研院所,用来处理日常大量繁忙的业务。

3. 小型机

小型机的主要特点是规模小,结构简单,设计试制周期短,便于采用先进工艺,用户不必经过长期培训即可维护和使用。小型机应用范围很广,如用于工业自动控制、大型分析仪器、测量仪器、医疗设备中的数据采集、分析计算等,也可作为大型机、巨型机的辅助机,如 DEC 公司的 PDP-11 系列和 VAX11/780 系列小型机,广泛用于企业管理以及大学和研究所的科学计算等。

4. 工作站

工作站是 20 世纪 80 年代兴起的面向工程技术人员的计算机系统。工作站一般采用精简指令集计算机(Reduced Instruction Set Computer,RISC)中央处理器,操作系统采用 UNIX 分时操作系统,配有图形子系统和高分辨高速大屏幕显示器。工作站整体工作速度快,存储容量大。工作站上一般除配备功能齐全的图形软件外,还配有众多的大型科学与工程计算软件包,非常适用于高档图像处理、地球物理、电影动画和高级工业设计。

5. 微型机

微型机又称为个人计算机(Personal Computer,PC)。1971 年,Intel 公司成功地在一个芯片上实现了中央处理器(Central Processing Unit,CPU)的功能,制成了世界上第一片 4 位微处理器 Intel 4004,组装了世界上第一台 4 位微型计算机——MCS-4,从此拉开了世界微型计算机大发展的帷幕。随后,许多公司(如 Motorola、Zilog 等)也争相研制微处理器,推出了 8 位、16 位、32 位、64 位的微处理器。戈登·摩尔经过长期观察发现,每 18 个月微处理器的性能提高一倍,价格却下降一半。

微型计算机因其小、巧、轻、使用方便、价格低廉等优点在过去 40 多年中得到迅速的发展,成为计算机的主流。今天,微型计算机的应用已经遍及社会的各个领域,从工厂的生产控制到政府的办公自动化,从商店的数据处理到家庭的信息管理,几乎无所不在。

微型计算机的种类很多,主要分成两类:台式机(Desktop Computer)和便携机(Portable Computer)。目前非常流行的笔记本(Notebook)电脑和平板电脑都属于便携机范畴。

1.3　计算机的特点及应用领域

1.3.1　计算机的特点

1. 高速、精确的运算能力

IBM 公司的"深蓝"计算机,在对手每走一步棋时,1 s 内便会有 2×10^8 步棋的反应。因此,计算机可以做那些计算量大、运算复杂的工作。

2. 准确的逻辑判断能力

计算机的存储器不但能存放数据和文件,更重要的是能存放用户编制好的程序。需要时,可快速、准确、无误地读取出来。

计算机还具有逻辑判断能力,这使得计算机能解决各种逻辑问题。

3. 强大的存储能力

计算机能存储大量数字、文字、图像、声音等信息,记忆力"好"得惊人。它可以轻易地"记住"一个大型图书馆的所有资料,如创刊至今的《四川日报》用数张光盘就可以全部存储。

4. 具有自动化功能和判断力

计算机可以将预先编好的一组指令(称为程序)先"存"起来,然后自动地逐条取出这些指令并执行,工作过程完全自动化,不需要人的干预。计算机是用户最忠实的朋友,能一丝不苟地执行用户的指令,自动处理好全部问题。

5. 网络功能

可以将几十台、几百台,甚至更多的计算机组成一个网络。例如,目前最大、应用范围最广的国际互联网(Internet),连接了全世界 150 多个国家和地区的数以亿计的计算机。网络中的所有计算机用户可共享网上资料、交流信息、互相学习,方便得如用电话一般,整个世界都可以互通信息。

1.3.2 计算机应用领域

今天,全世界已有数以亿计的计算机在工作,大大超出了人们最初的预料。计算机的应用归纳起来主要有以下五个方面。

1. 数值计算

数值计算就是利用电子计算机来完成科学研究和工程设计中的数学计算。这是计算机最基本的应用,例如人造卫星轨道的计算、气象预报等,由于计算量大、速度和精度要求都十分高,离开了计算机根本无法完成。

2. 信息处理

信息处理是计算机最大的一个应用领域。由于计算机具有海量存储功能,可以把大量的数据输入计算机中进行存储、加工、计算、分类和整理,因此它广泛用于工农业生产计划的制订、科技资料的管理、财务管理、人事档案管理、火车调度管理、飞机订票等。当前,我国服务于信息处理的计算机约占整个计算机应用的 60%,而有些国家达 70% 以上。

3. 过程控制

过程控制也称为实时控制。它要求及时地搜集检测数据,按最佳值进行自动控制或自动调节控制对象,这是实现生产自动化的重要手段。例如,用计算机控制发电,对锅炉水位、温度、压力等参数进行优化控制,可使锅炉内燃料充分燃烧,提高发电效率。同时,计算机可完成超限报警,使锅炉安全运行。计算机的过程控制已被广泛应用于大型电站、火箭发射、雷达跟踪、炼钢等方面。

4. 计算机辅助设计、辅助制造和辅助教学

计算机辅助设计(CAD)就是用计算机帮助人们进行产品的设计,这不仅可以加快设计过程,还可缩短产品的研制周期。例如,过去设计一架飞机,从确定方案到绘出全套图样,不仅要花费大量的人力和物力,而且要花费 2～3 年的时间。采用计算机辅助设计,一般只需 3 个月就能设计出一架新型飞机,并能提供全套图样,而且计算精确。计算机辅助设计还可用于船舶、汽车、机械产品、服装、大规模集成电路等设计。

计算机辅助制造(CAM)就是在机械加工中,利用计算机控制各种设备自动完成对零件的加工、装配、包装等过程,实现无图纸加工。

计算机辅助教学(CAI)用于课堂教学,可将生物、物理、化学课程中的瞬息变化形象地展示出来,使学生通过直观画面就可以很容易理解其中的道理。

5. 人工智能

人工智能主要研究如何利用计算机"模仿"人的智力活动,使计算机具有"推理"和"学习"的功能。这是近年来开辟的计算机应用的新领域。

目前,人们已研制出各种各样的智能机器人。例如,能在钢琴上演奏简单乐曲的机器人,能带领盲人走路的机器人,能听懂人的简单命令并按命令执行的机器人等。从它们的工作效能看,人工智能的前景是十分诱人的。

微型计算机的出现和发展掀起了计算机普及的浪潮,在短时间内其应用范围急剧扩大,计算机从需要编程而只有少数科技人员使用的专用工具迅速演变为可以通过操作现成软件来解决实际问题的大众化工具,进入了社会各行各业和个人家庭生活中,如计算机打字、计算机医生、计算机音乐、计算机电视广告制作、计算机服装设计、计算机储蓄、计算机期货交易系统、计算机股票交易系统和计算机翻译等。不管你是否意识到或是否愿意,计算机已经深入了人们的生活,与人们生活的质量息息相关。与此同时,我国的微型计算机事业也得到了迅速发展,尤其是计算机汉字处理技术取得了举世瞩目的成就,在某些方面已达到国际先进水平。目前在计算机上实现的汉字输入方法多达几十种。但是,与发达国家相比,我国计算机技术仍有一定差距,需要艰苦努力,迎头赶上。

1.4　计算机的数据处理方式

1.4.1　数制基础

1. 进　制

计算机采用两个稳态的二值电路。以高、低电位表示 0、1,这决定了计算机内部采用二进制进行数据处理,具有简、便、廉的特点。

使用二进制的好处如下:

➢ 可采用二稳态的元件;

➢ 四则运算简单;

➢ 节省存储设备;

➢ 便于采用逻辑代数(与逻辑代数变量取值一致)。

由于人们习惯于十进制数,但在编程中会用到八进制数和十六进制数,这就提出了几种不同数制间的转换问题。

区分各进制表示的数,常用方法有两种:

➤ 在数的后面加一个大写字母:B 表示二进制数;D 表示十进制数;H 表示十六进制数,O 表示八进制数。

➤ 将要表示的数用小括号括起来,用一个下标表示该数的进制数。例如,$(10110.101)_2$ 表示二进制数,而 $(10110.101)_{10}$ 表示十进制数。

2. 进制转换

(1) 非十进制数转十进制数

按权展开,求和。即

$$\sum_{i-m}^{n} k_i r^i$$

式中,r——数制基数,如二进制 $r=2$,八进制 $r=8$;

i——位序号(小数点后为负值);

k_i——第 i 位上的数字符($0 \sim r-1$);

r^i——第 i 位上的权;

m、n——最低位和最高位的位序号。

例 1-1 将二进制数 $(1011.101)_2$ 转换成等值的十进制数。

$(1011.101)_2 = 1 \times 2^3 + 0 \times 2^2 + 1 \times 2^1 + 1 \times 2^0 + 1 \times 2^{-1} + 0 \times 2^{-2} + 1 \times 2^{-3} = (11.625)_{10}$

(2) 十进制数转非十进制数

转换方法:整数部分为除基取余(由低到高);小数部分为乘基取整。

注意:十进制小数不一定能准确地转换为其他进制的小数,如 0.2。

例 1-2 将十进制数 26.8125 转换为等值的二进制数。

整数部分	取余值	小数部分	取整值
2 ⌐ 26	…… 0	$0.8125 \times 2 = 1.625$	…… 1
2 ⌐ 13	…… 0	$0.625 \times 2 = 1.25$	…… 1
2 ⌐ 6	…… 1	$0.25 \times 2 = 0.5$	…… 0
2 ⌐ 3	…… 0	$0.5 \times 2 = 1.0$	…… 1
2 ⌐ 1	…… 1		
0	…… 1		

(3) 二进制数与十六进制数之间的相互转换

方法:将要转换的二进制数从小数点开始分别向左(整数部分)和向右(小数部分)每四位二进制数码分成一组,在最左或最右不足四位的用 0 补足,即每四位二进制数码转换成一位十六进制数码;反之,每一位十六进制数码均可写成四位二进制数码。

例 1-3 将二进制数 11010011010.11101010011 转换为等值的十六进制数。

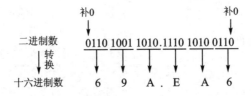

$(11010011010.11101010011)_2 = (69A.EA6)_{16}$

(4) 二进制数与八进制数之间的相互转换

方法:将要转换的二进制数从小数点开始分别向左(整数部分)和向右(小数部分)每三位

二进制数码分成一组,在最左或最右不足四位的用 0 补足。

例 1-4　$(11110010.1110011)_2 = (362.714)_8$。

1.4.2　计算机中字符的表示

计算机需要输入各种原始数据,输出处理结果(可阅读的字符),因此需要对各种字符约定相应的编码。

1. ASCII 码

美国信息交换标准代码(American Standard Code for Information Interchange,ASCII)主要用来对键盘上的信息进行编码。每个 ASCII 码占 1 字节。有七位 ASCII 码和八位 ASCII 码两种:七位 ASCII 码称为标准 ASCII 码;八位 ASCII 码称为扩充 ASCII 码。七位二进制数给出了 128 个不同的组合,表示了 128 个不同的字符。其中,95 个字符可以显示,包括大小写英文字母、数字、运算符号、标点符号等。另外的 33 个字符是不可显示的,它们是控制码,编码值为 0~31 和 127。例如,回车符(CR)的编码为 13。表 1-2 为 ASCII 码字符编码表。

表 1-2　ASCII 码字符编码表

$b_3 b_2 b_1 b_0$	$b_6 b_5 b_4$							
	000	001	010	011	100	101	110	111
0000	NUL	DLE	SP	0	@	P	`	p
0001	SOH	DC1	!	1	A	Q	a	q
0010	STX	DC2	"	2	B	R	b	r
0011	ETX	DC3	#	3	C	S	c	s
0100	EOT	DC4	%	4	D	R	d	t
0101	ENQ	NAK	&	5	E	U	e	u
0110	ACK	SYN	'	6	F	V	f	v
0111	BEL	ETB	(	7	G	W	g	w
1000	BS	CAN	)	8	H	X	h	x
1001	HT	EM	*	9	I	Y	i	y
1010	LF	SUB	+	:	J	Z	j	z
1011	VT	ESC	,	;	K	[	k	{
1100	FF	FS	—	<	L	\	l		
1101	CR	GS	.	=	M	]	m	}
1110	SO	RS	/	>	N	`	n	~
1111	SI	US		?	O	_	o	DEL

2. 汉字编码

由于汉字数目很多,加上汉字的形状和笔画多少差异极大,因此不可能用少数几个确定的符号将汉字完全表示出来,或像英文那样将汉字拼写出来。每个汉字必须有它自己独特的编码。

（1）国标码

所有汉字编码都应该遵循这一标准，汉字机内码的编码、汉字字库的设计、汉字输入码的转换、输出设备的汉字地址码等，都以此标准为基础。GB 2312—80 就是国标码。该码规定：一个汉字用 2 字节表示，每字节只有 7 位，与 ASCII 码相似。国标码共有汉字 6 763 个(一级汉字是最常用的汉字，按汉语拼音字母顺序排列，共 3 755 个;二级汉字属于次常用汉字，按偏旁部首的笔画顺序排列，共 3 008 个)，数字、字母、符号等 682 个，共 7 445 个。

（2）区位码

将 GB 2312—1980 的全部字符集组成一个 94×94 的方阵，每一行称为一个"区"，编号为 01~94;每一列称为一个"位"，编号为 01~94。这样，得到 GB 2312—80 的区位图，用区位图的位置来表示的汉字编码，称为区位码。

（3）机内码

为了避免 ASCII 码和国标码同时使用时产生二义性问题，大部分汉字系统都采用将国标码每字节高位置 1 作为汉字机内码。这样既解决了汉字机内码与西文机内码之间的二义性，又使汉字机内码与国标码具有极简单的对应关系。

汉字机内码、国标码和区位码三者之间的关系为:区位码(十进制)的 2 字节分别转换为十六进制后加 20H 得到对应的国标码;机内码是汉字交换码(国标码)2 字节的最高位分别加 1，即汉字交换码(国标码)的 2 字节分别加 80H 得到对应的机内码;区位码(十进制)的 2 字节分别转换为十六进制后加 A0H 得到对应的机内码。汉字 2 字节的机内码和国标码有一个对应关系，国标码+8080(H)=机内码。例如，"重"字的国标码是 3122(H)，它的机内码就是 3122(H)+8080(H)=B1A2(H)。

（4）汉字的输入码（外码）

汉字是一种拼音、象形和会意文字，本身具有十分丰富的音、形、义等内涵。经过中国人多年的潜心研究，形成了种类繁多的汉字输入码。至今为止，已有好几百种汉字输入码的编码方案问世，其中已经得到了广泛使用的也达几十种之多。

按照汉字输入的编码元素取材的不同，可将众多的汉字输入码分为如下五类:

➢ 拼音码:以汉字的汉语拼音为基础，以汉字的汉语拼音或其一定规则的缩写形式为编码元素的汉字输入码统称为拼音码。

➢ 拼形码:以汉字的形状结构及书写顺序特点为基础，按照一定的规则对汉字进行拆分，从而得到若干具有特定结构特点的形状，然后以这些形状为编码元素"拼形"而成汉字的汉字输入码统称为拼形码。

➢ 音形码:这是一类兼顾汉语拼音和形状结构两方面特性的输入码，它是为了同时利用拼音码和拼形码两者的优点，一方面降低拼音码的重码率，另一方面减少拼形码需较多学习和记忆困难而设计的。音形码的设计目标是要达到普通用户的要求，重码少，易学，少记，好用。音形码虽然从理论上看很具有吸引力，但在具体设计时尚存在一定的困难。自然码是一种使用较广的音形码。

➢ 序号码:这是一类基于国标汉字字符集的某种形式的排列顺序的汉字输入码。将国标汉字字符集以某种方式重新排列以后，以排列的序号为编码元素的编码方案即是汉字的序号码。

➢ 汉字字形码:为了将汉字在显示器或打印机上输出，把汉字按图形符号设计成点阵图，就得到了相应的点阵代码(字形码)。

全部汉字字码的集合称为汉字库。汉字库可分为软字库和硬字库。软字库以文件的形式存放在硬盘上,现多用这种方式;硬字库则将字库固化在一个单独的存储芯片中,再和其他必要的器件组成接口卡,插接到计算机上,通常称为汉卡。

用于显示的字库称为显示字库。显示一个汉字一般采用 16×16 点阵或 24×24 点阵或 48×48 点阵。已知汉字点阵的大小,可以计算出存储一个汉字所需占用的字节空间。例如,用 16×16 点阵表示一个汉字,就是将每个汉字用 16 行,每行 16 个点表示,一个点需要 1 位二进制代码,16 个点需用 16 位二进制代码(即 2B),共 16 行,所以需要 16 行 $\times 2B/$ 行 $= 32B$,即 16×16 点阵表示一个汉字,字形码需用 32B,即

$$字节数 = 点阵行数 \times 点阵列数 \div 8$$

用于打印的字库称为打印字库,其中的汉字比显示字库多,而且工作时也不像显示字库那样需要调入内存。

可以这样理解,为在计算机内表示汉字而统一的编码方式形成的汉字编码称为内码(如国标码)。内码是唯一的。为方便汉字输入而形成的汉字编码称为输入码,属于汉字的外码。输入码因编码方式的不同而不同,是多种多样的。为显示和打印输出汉字而形成的汉字编码称为字形码。计算机通过汉字内码在字模库中找出汉字的字形码,实现其转换。

例 1 - 5　用 24×24 点阵来表示一个汉字(一点为一个二进制位),则 2 000 个汉字需要多大容量?

$$(24 \times 24 \div 8)B \times 2\ 000 \div 1\ 024\ B = 140.625\ KB \approx 141\ KB$$

1.4.3　汉字输入概述

汉字不像西文字符那样可以直接从键盘上输入,必须通过专门的输入码或特定输入设备输入(手写板、扫描等)。

常用的汉字输入方式有拼音和五笔两种。

1. 汉字输入方式

键盘——五笔、拼音、区位;非键盘——音、笔、扫描。

2. 汉字输入码

汉字输入码有数字码、拼音码、字形码、音形码。

3. 汉字输入法中的术语

码长:每个汉字对应的编码长度。

词组输入:将词组依编码直接输入(不同的输入法编码不同)。

重码:汉字输入时出现若干编码相同的汉字或词组。

提示行:显示输入汉字过程中输入的编码及相应的重码字和词。

全角:一字符占 2 字节,对应于键盘上(编码以外)的字符。

半角:一字符占 1 字节,对应于汉字字符或国际图形符号。

4. 常用汉字输入法

常用汉字输入法有智能 ABC、微软拼音、极品五笔、智能狂拼、清华紫光等。

5. 输入法状态条

输入法状态条依次为中英文切换钮、输入法显示、全角/半角、中西文标点切换、软键盘,如图1-3所示。

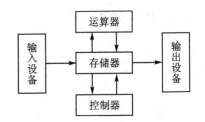

6. 输入法状态切换

中英文切换:

➤ Ctrl+空格。

➤ 单击任务栏上的输入法指示器,在输入法菜单中选择。

➤ 单击输入法状态条上的中英文切换钮。

输入法切换:

➤ Ctrl+Shift。

➤ 单击输入法指示器,在输入法菜单中选择。

全角/半角切换。

➤ Shift+空格键。

➤ 单击输入法状态条上的全角/半角切换钮。

7. 输入法帮助

右击输入法状态条后选择"帮助"。

1.5 计算机系统组成

计算机由五大部件组成,如图1-4所示。计算机的工作原理比较复杂,现用框图作一个概要的叙述。例如要计算3+2,首先通过输入设备(如键盘)把3和2输入到计算机,再由计算机的控制器把3和2送进存储器存储起来;计算机的运算器从存储器中取出3和2进行加法运算,并将运算结果5存储到存储器,最后控制器把存储器中的运算结果5送出到输出设备(打印机或显示器)上。

图1-4 计算机组成框图

一个完整的计算机系统包括硬件系统和软件系统两大部分,如图1-5所示。

```
                  ┌ 硬件 ┌ 主机[CPU(运算器、控制器)、内存储器(RAM、ROM)]
                  │      └ 外设(外存储器、输入设备、输出设备)
计算机系统 ┤      ┌ 系统软件(操作系统、设备驱动程序、数据库管理系统、通信处理程序等)
                  └ 软件 ┤ 支撑软件(各类系统开发工具)
                         └ 应用软件(计算机辅助设计/制造/教学、系统仿真、人工智能、管理信息系统、
                           办公自动化等各种应用软件包及用户自行开发的软件)
```

图1-5 计算机系统的基本组成

计算机硬件系统至少有五个基本组成部分:运算器、控制器、存储器、输入设备和输出设备。通常,计算机硬件系统可分为主机和外部设备两大部分。中央处理器(CPU)包含运算器

和控制器两部分,它和存储器构成了计算机的主机。外存储器和输入、输出设备统称为外部设备。软件系统包括系统软件和应用软件两大部分。

1. 运算器

运算器由算术逻辑单元(ALU)、累加寄存器、数据缓冲寄存器和状态条件寄存器组成,是数据加工处理部件。运算器是计算机的核心部件,其技术性能的高低直接影响着计算机的运算速度和性能。

2. 控制器

控制器是计算机的控制中心,只有在它的控制之下整个计算机才能有条不紊地工作,自动执行程序。控制器和运算器一起组成中央处理单元(Central Processing Unit,CPU)。

随着集成电路技术的发展,运算器和控制器通常做在一块半导体芯片上,也称为中央处理器或微处理器。CPU 是计算机的核心和关键,计算机的性能主要取决于 CPU。

3. 存储器

存储器的主要功能是存放程序和数据。存储器通常分为内存储器和外存储器。内存储器简称内存(又称主存),是计算机信息交流的中心。内存又分随机存储器(RAM)和只读存储器(ROM)。内存的存取速度直接影响计算机的运算速度。RAM 是一种读-写存储器,它的一个明显特征是易散失性,即 RAM 工作时必须保持电源不中断,一旦电源中断,RAM 中存储的数据信息就会丢失。因此,RAM 只能用于暂存数据。在通电的情况下,RAM 中的数据可以反复读写、擦除。通常,微型计算机中的内存就是 RAM。

与 RAM 相反,ROM 中包含不能改变的永久性数据,数据一旦写入,只可以从 ROM 中读取数据,但不能对其写入新数据。ROM 中的数据与通电与否无关,断电后,数据仍然不会丢失。计算机制造厂商通常将开机检测、系统初始化等程序固化在 ROM 中。

外存储器设置在主机外部,简称外存(又称辅存),主要用来长期存放"暂时不用"的程序和数据。

高速缓存(Cache)介于 CPU 的寄存器和主存储器之间,其中存放正在运行的一小段程序和数据。Cache 在 CPU 与主存储器之间不停地进行程序和数据交换,把需要的内容调入、用过的内容返还。Cache 的存储容量很小,存取速度很快,单位价格较高,且存储信息不能长期保留。设计高速缓存的目的就是在数据存取速度和存储器价格之间取得一个较好的平衡点。Cache 通常采用半导体静态存储器(SRAM)。

Cache 的工作原理是:当 CPU 需要读取某一数据时,首先检查该数据是否存在于 Cache 中。如果存在,则 CPU 读入该数据并进行运算;如果不存在,则 Cache 与主存储器进行块传送,也就是将与 CPU 所需的数据字段相邻的一个固定大小的数据块读入 Cache 中,然后 CPU 将所需的数据读入并处理。CPU 访问某个数据字段时,与该数据字段相邻的其他数据字段也经常被访问到,这个原理成为数据访问的局部性原理。根据这一原理,CPU 下次读取 Cache 时,能够找到所需数据的概率是非常大的。

存储器的有关术语简述如下:

➤ 位(bit):存放一位二进制数,即 0 或 1。

➤ 字节(Byte):8 个二进制位为 1 字节。为了便于衡量存储器的大小,统一以字节为单

位,单位符号为 B。容量一般用 KB、MB、GB、TB 来表示,它们之间的关系是:1 KB=
1 024 B,1 MB=1 024 KB,1 GB=1 024 MB,1 TB=1 024 GB(其中 1 024=2^{10})。

外存储器设备种类很多,目前微型计算机常用的外存储器是硬磁盘、光盘、U 盘等。

4. 输入设备

输入设备(Input Device)是人或外部与计算机进行交互的一种装置,用于把原始数据和处理这些数的程序输入到计算机中。

常用的输入设备有键盘、鼠标、扫描仪、磁盘驱动器等。

5. 输出设备

输出设备(Output Device)是人与计算机交互的一种装置,用于数据的输出。它把各种计算结果数据或信息以数字、字符、图像、声音等形式表示出来。

常见的输出设备有显示器、打印机、绘图仪、影像输出系统、语音输出系统、磁盘驱动器等。

1.6 计算机的软件系统

软件是计算机的灵魂。使用不同的计算机软件,计算机可以完成不同的工作。它使计算机具有非凡的灵活性和通用性。也正是这一原因,决定了计算机的任何动作都离不开由人安排的指令。人们针对某一需要而为计算机编制的指令序列称为程序。

软件分为两大类:应用软件和系统软件。

1. 应用软件

应用软件是为解决各种实际问题而专门设计的计算机程序,如财务软件、图形处理软件、辅助设计软件、教学软件等。应用软件一般由用户编写或外购。

2. 系统软件

各种应用软件虽然完成的工作各不相同,但它们都需要一些共同的基础操作,如都要从输入设备取得数据、向输出设备送出数据、向外存写数据、从外存读数据、对数据的常规管理等。这些基础工作也要由一系列指令来完成。人们把这些指令集中组织在一起形成专门的软件,用来支持应用软件的运行,这种软件称为系统软件。

系统软件在为应用软件提供上述基本功能的同时,也对硬件进行管理,使在一台计算机上同时或先后运行的不同应用软件有条不紊地合用硬件设备。代表性的系统软件有操作系统、数据库管理系统、语言处理软件等。

计算机并不懂得人类的语言,人类要与计算机交流使计算机按照人的意图工作,就必须计算机理解并接受人向它发出的命令和信息。人机对话和信息交换时使用的语言是计算机语言,又称为程序设计语言,它是人们根据描述问题的需要设计出来的。毫无疑问,人们总是希望设计出的计算机语言更贴近人类的自然语言,为人机交互提供便利。随着计算机技术的发展,程序设计语言也经历了从低级到高级发展的过程。按照其是否接近人类的自然语言,可以分为机器语言、汇编语言和高级语言三大类。

(1) 机器语言

机器语言又称为二进制代码语言,能够被计算机直接识别并执行。机器语言是由一串的

0 或 1 组成的,计算机在识别的时候不需要任何翻译和处理,因而执行速度很快。但机器语言的缺点十分明显:编制程序非常困难,程序可读性极差,指令难于记忆,并且难于调试和修改。另外,不同的处理器有不同的指令系统,每种类型 CPU 的指令编码方式是唯一的,所以使用机器语言编制的程序只能在一种类型的机器上使用,可移植性极差。机器语言是计算机发展初期使用的语言,现在已经很少用到。

（2）汇编语言

由于机器语言指令难以记忆,程序难以阅读和修改,所以人们使用一些助记符来表示机器语言的指令代码,其语句大多数和机器指令一一对应。这些助记符含义明确,容易记忆,使用助记符编程,可提高程序的可读性,使查错和修改变得容易了许多。由于机器不能直接识别这些助记符,所以要建立一个机器指令和助记符的对照表来解决这个问题。对每个助记符逐个扫描对照表,把汇编语言程序转换为机器语言程序,翻译出来的程序称为目标程序。这个工作由汇编程序完成。最后,连接程序把目标程序转换为可执行程序。

虽然与机器语言相比,汇编语言在可读性、编码的复杂度等方面有了很大进步,并且执行效率与机器语言相仿,但它仍未摆脱对机器的依附,可移植性很差,并且汇编语言与自然语言的差别仍然很大,不符合人的习惯。从 20 世纪 50 年代中期开始,产生了第三代编程语言——高级语言。

（3）高级语言

高级语言是面向应用、实现算法的语言,克服了低级语言在编程和识别上的不便,与自然语言和数学语言比较接近,并且高级语言和指令系统无关,具有较强的通用性,使用它编程时,不必熟悉指令系统。这样就使得运用高级语言描述解题过程或问题的处理过程十分方便。高级语言的缺点是执行效率低于机器语言和汇编语言。常见的高级语言有 BASIC、C、C++、Java 等。

1.7　计算机常用组件

1. 主机箱内的部件

主板:主板也称为系统板或母板,是主机箱内最大的电路板,内存条、CPU、显示卡、声卡、多种接口卡、键盘、鼠标器等都是连接在主板上的,如图 1-6 所示。

CPU:从 1978 年 Intel 公司推出 Intel 8086 CPU 开始,微处理器的性能发生了巨大的变化,现在 CPU 的数据位数已达到 64 位,最高主频已达到 4.4 GHz 以上,如图 1-7 所示。目前主流市场已广泛使用 Intel 酷睿和 AMD 的四核心 CPU,并已开始推广使用八核心 CPU。

内存储器:内存储器也称为主存储器,用来存储计算机运行期间所需的数据和程序,以便向 CPU 提供高速信息。图 1-8 所示为用于计算机上的内存条。

显示卡:显示卡也称为计算机视频卡,如图 1-9 所示,是 CPU 与显示器的接口。显示卡上的显存数量是其性能的一个重要指标。显示卡插在主板的扩展插槽内。

声卡:如图 1-10 所示,声卡是组成多媒体计算机的必选部件之一,为计算机提供了 CPU 与音响设备的接口。

硬盘:硬盘是涂有磁性材料的铝合金盘片,如图 1-11 所示。它把硬盘片按垂直方向排成一串,串联在旋转轴上组成一个盘组,固定在硬盘机箱内。近年来,随着硬盘技术的发展,硬盘的存储能力大幅度提升,而每 GB 硬盘的价格却随之下降。目前,单块硬盘的最大存储容量已达到 4 TB。硬盘技术还在继续向前发展,更大容量的硬盘还将不断推出。

图 1-6　主　板

图 1-7　CPU

图 1-8　内存条

图 1-9　显示卡

图 1-10　声　卡

图 1-11　硬　盘

光驱:从 1991 年光驱诞生到现在,种类已有 CDROM、DVDROM、CDRW、COMBO、DVDRW、RAMBO、蓝光光驱等。现在主流光驱的速度更是达到了 52X,甚至有些厂家推出了 70 倍速的光驱,光驱如图 1-12 所示。

2. 主机箱外的部件

显示器:目前市场上的显示器主要为液晶显示器,如图 1-13 所示。

键盘:计算机键盘用于输入程序和数据,其型号不尽相同,但大同小异,如图 1-14 所示。

图 1-12　光　驱

图 1-13　液晶显示器

图 1-14　键　盘

鼠标:鼠标是微型计算机上最流行的输入设备,如图 1-15 所示。目前流行的鼠标有光电式和无线式。

光盘:光盘的容量比较大,目前市面上的 CD 光盘大多为 700 MB 容量,而 DVD 刻录光盘单层最大容量已可达到 4.7 GB。

U 盘:连接在计算机的 USB 接口上工作。U 盘采用闪存(Flash Memory)进行快速存储。U 盘具有体积小、便携性好和价格相对较低的优点,目前已经被广泛使用。U 盘的存储容量现在已经可以达到 1 TB。图 1-16 所示为 U 盘。

　　打印机：打印机（Printer）是计算机最基本的输出设备之一。它将计算机的处理结果打印在纸上。打印机按打印方式可分为击打式和非击打式两类。其中，激光打印机（Laser Printer）和喷墨式打印机（Inkjet Printer）是目前最流行的两种打印机，图 1-17 所示为打印机。

图 1-15　鼠　标　　　　　图 1-16　U　盘　　　　　图 1-17　打印机

1.8　微型计算机系统的性能指标与配置

　　可以从以下几项指标来大体评价微型计算机系统的性能。

1. 字　长

　　一般来说，计算机在同一时间内处理的一组二进制数称为一个计算机的"字"，而这组二进制数的位数就是"字长"。在其他指标相同时，字长越大计算机处理数据的速度就越快。早期的微型计算机的字长一般是 8 位和 16 位，目前一般是 32 位或 64 位。

2. 内存容量

　　内存储器简称主存，是 CPU 可以直接访问的存储器。需要执行的程序与需要处理的数据就是存放在主存中的。内存储器容量的大小反映了计算机即时存储信息的能力。随着操作系统的升级，应用软件的不断丰富及其功能的不断扩展，人们对计算机内存容量的需求也不断提高。目前，微型计算机的内存一般是 4 GB 或 8 GB，甚至更高。

3. 存取周期

　　存取周期是指对存储器进行一次完整的存取（即读/写）操作所需的时间，即存储器进行连续存取操作所允许的最短时间间隔。存取周期越短，则存取速度越快。存取周期的大小影响微型计算机的运算速度。

4. 主　频

　　主频是指微型计算机 CPU 的时钟频率。主频的单位是 GHz（吉赫兹）。主频的大小在很大程度上决定了微型计算机的运算速度，主频越高，微型计算机的运算速度就越快。

5. 外存储器的容量

　　外存储器容量通常是指硬盘容量（包括内置硬盘和移动硬盘）。外存储器容量越大，可存储的信息就越多，可安装的应用软件就越丰富。

　　以上只是一些主要性能指标。除了上述这些主要性能指标外，微型计算机还有其他一些指标，所配置外围设备的性能指标以及所配置系统软件的情况等。另外，各项指标之间也不是彼此孤立的,在实际应用时,应该把它们综合起来考虑,而且要遵循"性能价格比"的原则。

6. 软件配置

软件配置包括操作系统及其他应用软件。选购微型计算机时应选择软件兼容性较好的。

1.9 计算机基本操作

1.9.1 鼠标的基本操作

鼠标是计算机的一种输入设备,一般有左右两个按钮,有的还有一个中间按钮,但中间按钮在 Windows 环境下一般不起作用。鼠标的主要作用是控制鼠标指针。通常情况下,鼠标指针呈箭头状,但它又经常随鼠标位置和操作的不同而有所改变。记住这些改变对迅速熟悉Windows 的操作非常有用。图 1-18 列出了默认情况下最常见的几种鼠标指针形状所代表的意义。

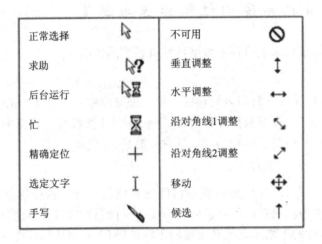

正常选择		不可用	
求助		垂直调整	
后台运行		水平调整	
忙		沿对角线1调整	
精确定位		沿对角线2调整	
选定文字		移动	
手写		候选	

图 1-18 鼠标指针形状

使用鼠标操作 Windows 时,以下五种基本操作需要掌握:

① 移动:将鼠标在桌面上移动,屏幕上代表鼠标的箭头也跟着移动。用户可以有意识地移动鼠标到桌面上的某一个图标上。

② 单击:单击一般指左击,即右手食指快速按下鼠标左键,然后再迅速放开。用户可试试单击桌面窗口上的"我的电脑"图标,看看会出现什么效果。

③ 双击:右手食指快速连续按鼠标左键两次。用户可试试双击桌面窗口上的"我的电脑"图标,看看会出现什么效果。

> ☼温馨提示
> 双击鼠标时要迅速,如果双击鼠标速度过慢,则计算机会认为用户单击了两次鼠标。

④ 拖动:按住鼠标左键不放,移动鼠标到另一个位置上,再放开鼠标左键。拖动通常用于移动某个选中的对象。用户可试试拖动桌面窗口上的"我的电脑"图标。

⑤ 右击:即右手中指快速按下鼠标右键,再根据桌面出现的菜单进行下一步选择的操作。一般情况下,右击屏幕上的某块区域或某个对象时,会出现快捷菜单。

1.9.2 键盘的基本操作

1. 键盘的布局

如图1-19所示,键盘按功能分为分四个区。

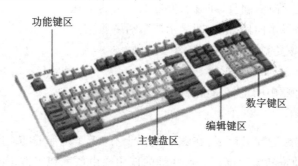

图1-19 键盘分布图

2. 主键盘区功能

主键盘区是键盘最常用的区域,其中包括:

数字键:0~9共10个数字。主键盘区上的数字键都为双字符键。

字母键:从A~Z共26个英文字母。

符号键:包括了一些常用的符号,如">""?""}""+"等。

回车键(Enter):在文档编辑状态,按下此键一般表示换一行,在命令输入状态下,按下此键的功能是通知计算机接收命令。

大小写切换键(Caps Lock):按下此键,键盘右上方指示灯亮,表示当前为大写字母输入状态;否则为小写字母输入状态。

空格键:键盘下方最长的按键,按一次表示输入一个空格。

上档键(Shift):对双字符按键,直接按这些按键表示选择下档功能,按住Shift不松开,再按双字符按键,表示选择双字符按键的上档功能。

退格键(←):按一次,光标左移,可删除光标左边的字符。

控制键(Ctrl):单独使用不起作用,需要与其他按键组合使用。

转换键(Alt):单独使用不起作用,需要与其他按键组合使用。

3. 功能键区功能

功能键区位于键盘的最上方,由Esc和F1~F12共13个按键组成。不同的应用软件对其有不同的定义。

4. 编辑键区的功能

编辑键也称为屏幕编辑键,主要用于移动光标。

←:将光标左移一位。

↑:将光标上移一行。

↓:将光标下移一行。

→:将光标右移一位。

Insert:设定/取消字符的插入状态,是一个反复键。

Delete:删除光标所在位置的一个字符,光标后字符前移一位。

Home:将光标移到行首。

End:将光标移到行尾。

Page UP:屏幕显示向前翻页,即显示屏幕前一页的信息。

Page Down:屏幕显示向后翻页,即显示屏幕后一页信息。

Print Screen:屏幕复制键,可进行屏幕硬复制。

Scroll Lock:屏幕滚动锁定键。

Pause/Break:暂停/中断键,可暂停屏幕显示。

5．数字键区功能

键盘右侧的小键盘是数字键区,在数字键区上有 11 个双字符键(上档键)是数字和小数点,下档键是光标移动符和编辑键符。这些键的使用要由数字锁定键(Num Lock 键是一个反复键)来实现;当 Num Lock 指示灯(位于 Num Lock 键的上方,由 Num Lock 键控制)不亮时,这些键处于光标控制状态,其用法与光标控制键用法相同。这时,如果想使用数字键区中的数字,则要由 Shift 键控制。当 Num Lock 指示灯亮时,这些键处于数字状态,连同数字键区中的"＋""－""＊""/"键及 Enter 键,就可以进行数字输入,这样可以使操作人员用单手(只用右手)进行数值数据的输入,从而空出左手去翻动数据报表及单据,这对财会及银行计算机工作人员是很方便的。

1.9.3 击键的正确姿势和指法

键盘操作是一项技巧性很强的工作。科学合理的打字技术是触觉打字,又称盲打法,即打字时眼睛不看键盘,视线专注于文稿,做到眼到手起,得心应手,因此可以获得很高的工作效率。初学者只要严格按照指法训练,就会很快掌握盲打技术,大大提高数据的录入速度。

1．正确的击键姿势

坐姿端正,腰挺直,双脚自然踏放地板,座位高低适度。身体放松,双肩自然下垂,大臂和肘微靠近身躯,小臂与手腕略向上倾斜,指、腕不要压到键盘上。手掌同键盘的斜面平行,手指略弯曲,自然下垂,轻放在基本键位上。正确的击键姿势如图 1-20 所示。

图 1-20 正确的击键姿势示意图

2．十指分工

十指分工,就是把键盘上的所有键合理地分配给十个手指,且规定每个手指对应哪几个键,如图 1-21 所示。

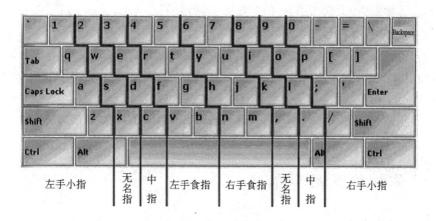

左手小指　　无名指　中指　左手食指　右手食指　无名指　中指　右手小指

图 1 - 21　十指分工示意图

3. 基本键位

不同型号的微型计算机配置的键盘不尽相同,但主键盘区基本相同,其上各键(主要指字母键和数字键)的排列与英文打字机的键盘基本一致。由于主键盘区第三排的 A、S、D、F、J、K、L 及";"等键的使用频率最高,通常将其称为基本键位。

通常,两手的两个拇指放在空格键上,其余八个手指放在基本键位上。手指与基本键位对应关系如图 1 - 21 所示。其中,F 和 J 两键称为基本定位键,两键上一般有一突出横线,可使左右食指迅速回到基本定位键上,其他手指回到相应的键位上。除拇指外,其余八个手指各有一定活动范围。以纵向左倾斜与基本键位相对应为原则,把字符键位划分成八个区域,每个手指管辖一个区域。键盘的指法分区如图 1 - 21 所示。两个食指管辖的键位要多些。同一手指从基本键位到其他键位"执行任务"是靠手指不同的屈伸程度实现的。在击打完其他键后,只要时间允许手指要回到基本键位,以利于下一次击打其他键。

4. 食指键(R、T、G、V、B、Y、U、H、N、M)的指法

R、T、G、V、B 等键是左手食指的操作范围,弹击 G 键时 F 指(左手食指)向右伸展;弹击 R 键时,F 指向上方伸展;弹击 T 键时,F 指向右上方伸展;而 F 指向右下方微曲弹击 V 键;向右下方大斜度伸展弹击 B 键。Y、U、H、N、M 键是由右手食指操作的,J 指(右手食指)向左伸展弹击 H 键;微左上方弹击 U 键;击 Y 键时,J 指向左上方斜伸展;而 J 指向右下方微曲弹击 M 键;向左下方微曲弹击 N 键。击键完后,食指仍回到基本键位上。

5. 中指键(E、C、I 和,)的指法

E 键由 D 指(左手中指)左向微斜,上伸弹击;C 键仍由 D 指右向微向下弹击;I 键由 K 指(右手中指)左向微斜,上伸弹击;逗号键(,)同样用 K 指右向微斜,向下弹击。

6. 无名指键(W、X、O 和.)的指法

弹击 W、O 键时,S 指(左手无名指)和 L 指(右手无名指)分别微向左上方伸展;弹击 X 和点号(.)键时,S 指和 L 指分别微向右下方弯曲。

7. 小指键(Q、Z、P 和/)的指法

Q、P 分别位于 A 指(左手小指)和";"指(右手小指)的左上方,弹击时只需将小指(A 指和

";"指)微向左上伸展。Z、/键分别位于 A 键和;键的右下方,弹击时将小指微向右下弯曲。

8．大写字母键指法

大写字母键分为首字母大写和连续大写两种。在英文输入操作时,经常遇到首字母大写的情况,这时可用 Shift 键控制大写字母输入。输入的基本规则是:字母键属于左手键时,用右手小指控制 Shift 键。字母键属于右手键时,用左手小指控制 Shift 键。

若要连续输入大写字母,则可按一下 Caps Lock 键,设置大写锁定,即可连续输入大写字母。

1.10　计算机的使用和维护

计算机的安全使用是一个经常性的话题,再好的计算机,若不按正确的方法使用,不进行保养和维护,都会影响其使用寿命,甚至引起各种故障影响用户工作。本节主要介绍如何在安全的环境中正确使用和维护计算机,防止误操作的发生,最后介绍计算机病毒的有关知识和防范方法。

一个良好的环境有利于延长计算机的使用寿命,减少发生故障的概率。一般来说,计算机对使用环境的要求主要有以下五方面。

1．平稳防振

平稳是指计算机应放置在平稳、无振动的地方。例如,当计算机在对磁盘进行读/写操作时出现振动,驱动器会受到严重磨损。因此,一般要用专用的计算机桌,且在计算机对磁盘进行读/写操作时,不要移动计算机。

2．适当的温度和湿度

计算机运行时,内部的元器件会产生热量,主机箱上的排气孔和内部的排气扇可起散热作用。计算机在放置时,必须保证良好的散热。机箱内温度过高,会影响器件的使用寿命,良好的环境温度是 10～35 ℃。

3．清洁防尘

尘埃对计算机的威胁很大,主要表现在以下几方面:
➢ 使交流电接触不良,造成电压不稳。
➢ 使键盘操作失灵。
➢ 使显示器产生高压打火。
➢ 划伤磁头和盘片。
➢ 使主机中 CPU 产生错误信号。
要经常用软布擦拭机壳、键盘、显示器的屏幕,注意保持机房的清洁。

4．良好的电磁环境

防磁:防止强磁场、强电磁场产生错误信息干扰以及显示器被磁化。
防静电:防止静电干扰。
防雷电:防止雷击,机房应装避雷器,在雷电期间,最好不开机。

5．防病毒

至少要装一种杀毒软件,并开启防火墙,同时应定期升级病毒库,以达到防毒、杀毒的目的。

思考与练习

一、判断题

1. 磁盘驱动器存取数据的基本单位为字节。（　　）

2. 十进制数 513 转换成二进制数是 1000000001。（　　）

3. 二进制数 01011000 转换成十进制数是 91。（　　）

4. 解释程序的功能是解释执行汇编语言程序。（　　）

5. 应用软件的编制及运行必须在系统软件的支持下进行。（　　）

6. 计算机机内数据可以采用二进制、八进制或十六进制形式表示。（　　）

7. 当前计算机主存储器均采用大规模集成半导体装置。（　　）

8. 所存数据只能读取，无法将新数据写入的存储器，称为 RAM。（　　）

9. 冯·诺依曼（Von Neumann）是内存储程序控制观念的创始者。（　　）

10. 通常，没有操作系统的计算机是不能工作的。（　　）

11. 激光打印机属于非击打式打印机。（　　）

12. 当计算机正在工作时，可以带电插接打印机与计算机连接的电缆线。（　　）

13. 将数据或程序存入 ROM，以后就不能再更改。（　　）

14. 程序是能够完成特定功能的一组指令序列。（　　）

15. 键盘和显示器都是 I/O 设备，键盘为输入设备，显示器为输出设备。（　　）

16. 计算机的存储器可以分主存储器和辅助存储器两种。（　　）

17. 更换插件板时，因手上有静电，所以不能用手接触线路板。（　　）

二、单项选择题

1. 下列语句中，（　　）是正确的。
   A. 1 KB＝1 024×1 024×1 027 B
   B. 1 KB＝1 024 MB
   C. 1 MB＝1 024×1 024 B
   D. 1 MB＝1 024 B

2. "8"的 ASCII 码值（十进制）为 56，"4"的 ASCII 码（十进制）值为（　　）。
   A. 51
   B. 52
   C. 53
   D. 60

3. 600 dpi 是（　　）。
   A. 每分钟打印的页数
   B. 每英寸上的点数
   C. 每分钟行数
   D. 每分钟传输速度

4. 在下列设备中，（　　）属于输出设备。
   A. 显示器
   B. 键盘
   C. 鼠标器
   D. 扫描仪

5. 世界上第一台计算机的电子逻辑元件是（　　）。
   A. 继电器
   B. 晶体管
   C. 电子管
   D. 集成电路

6. 在微型计算机中，硬盘连同其驱动器属于（　　）。
   A. 外（辅助）存储器
   B. 输入设备
   C. 输出设备
   D. 主（内）存储器

7. 计算机系统启动时，加电的顺序应是（　　）。

A. 先开主机,后开外部设备　　　　　B. 先开外部设备,后开主机

C. 先开主机,后开显示器　　　　　　D. 任意先开哪一部分都可以

8. 八进制数 127 对应的十进制数是(　　　)。

A. 117　　　　　B. 771　　　　　C. 87　　　　　D. 77

9. 下列外围设备中,(　　　)不属于输出设备。

A. 打印机　　　B. 磁带机　　　C. 读卡机　　　D. 磁盘驱动器

10. 下列数据中的最大数是(　　　)。

A. 227(O)　　B. 1FF(H)　　C. 1010001(B)　　D. 889(D)

11. 计算机主要由(　　　)、存储器、输入设备和输出设备等部件构成。

A. 硬盘　　　B. 磁盘　　　C. 键盘　　　D. 运算控制单元

12. Cache 是一种高速度、容量相对较小的存储器。在计算机中,它处于(　　　)。

A. 内存和外存之间　　　　　B. CPU 和主存之间

C. RAM 和 ROM 之间　　　　D. 硬盘和光驱之间

13. RAM 中存储的数据在断电后(　　　)丢失。

A. 不会　　　B. 完全　　　C. 部分　　　D. 不一定

14. 喷墨打印机通过信号电缆连接到微型计算机的(　　　)接口上。

A. 打印机　　　B. 并行　　　C. 异步通信　　　D. 串行

15. 速度快、分辨率高的打印机是(　　　)打印机。

A. 非击打式　　B. 激光式　　C. 击打式　　D. 点阵式

16. (　　　)是大写字母锁定键,主要用于连续输入若干大写字母。

A. Tab　　　B. Ctrl　　　C. Alt　　　D. Caps Lock

三、多项选择题

1. 在第三代计算机时代,软件中出现了(　　　)。

A. 机器语言　　B. 高级语言　　C. 操作系统　　D. 汇编语言

2. 在计算机中 1 字节可表示(　　　)。

A. 两位十六进制数　　　　　B. 四位十进制数

C. 一个 ASCII 码　　　　　D. 256 种状态

3. 在计算机中采用二进制的主要原因是(　　　)。

A. 两个状态的系统容易实现,成本低　　B. 运算法则简单

C. 十进制无法在计算机中实现　　　　D. 可进行逻辑运算

4. 断电后仍能保存信息的存储器为(　　　)。

A. CD-ROM　　B. RAM　　C. ROM　　D. 硬盘

5. 下列软件中(　　　)是"系统软件"。

A. 编译程序　　　　　　　　B. 操作系统的各种管理程序

C. 用 BASIC 语言编写的计算程序　　D. 用 C 语言编写的 CAI 课件

6. 在微型计算机系统中,可用作数据输入设备的有(　　　)。

A. 键盘　　　B. 磁盘驱动器　　C. 显示器　　D. 打印机

7. 以下关于 ASCII 码的论述中,正确的有(　　　)。

A. ASCII 码中的字符全部都可以在屏幕上显示。

B. ASCII 码基本字符集由七个二进制数码组成

C. 用 ASCII 码可以表示汉字

D. ASCII 码基本字符集包括 128 个字符

8. 笔记本电脑的特点是(　　)。

A. 质量轻　　　　B. 体积小　　　　　C. 体积大　　　　　D. 便于携带

9. 在下列设备中,只能进行读操作的设备是(　　)。

A. RAM　　　　B. ROM　　　　　C. 硬盘　　　　　D. CD - ROM

10. 与内存相比,外存的主要优点是(　　)。

A. 存储容量大　　　　　　　　　B. 信息可长期保存

C. 存储单位信息的价格低廉　　　D. 存取速度快

11. 能够直接与外存交换数据的是(　　)。

A. 控制器　　　　B. RAM　　　　　C. 键盘　　　　　D. 运算器

四、填空题

1. 计算机辅助制造的英文缩写是_____(请填英文大写)。

2. 在计算机中,数据信息是从_____读取至运算器。

3. 指令的_____集合叫作程序。

4. 只读存储器简称_____。

实践训练一　指法练习及英文打字练习

1. 使用金山打字通软件进行指法练习。

2. 使用金山打字通软件进行英文打字练习。

3. 用鼠标单击"开始\程序\附件\写字板",在写字板中录入(要求:英文用半角,标点符号用英文状态下的标点符号)。

What It's Like to Love You

To love you is to daydream of you often, think of you so much, speak of you proudly, and miss you terribly when we are apart.

To love you is to cherish the warmth of your arms, the sweetness of your kiss, the friendliness of your smile, the loving sound in your voice, and the happiness we share.

To love you is to never forget the adversity we have overcome, the tears we have shed, the plans we have made, the problems we have solved, and the pain of separation.

To love you is to remember joyfully the days we made memorable, the moments that will live forever in our hearts, the dreams we hope for, the feelings we have for each other, the caresses and touches of love, and the exhilaration of love that fills our hearts.

To love you is to need you, want you, hold you, and know you as no one else can.

To love you is to realize that life without you would be no life at all.

That's a little of what it's like to be in love with you!

实践训练二　中文打字练习

1. 选择一种汉字输入法,使用金山打字通进行中文打字练习。
2. 在写字板中录入下面的内容。

计算机使用常识(一)

正确开关计算机电源,使用时先开显示器,再开主机,不使用的时候要先关主机,再关显示器,避免对主机的瞬间冲击,保护重要部件,从而延长使用寿命。

计算机摆放要正确:应该避免阳光直射,远离火炉、空调或电动机等大功率设备,在显示器 1 m 之内杜绝有磁性物体(如磁铁、磁头改锥),环境越好,计算机运行越稳定。

市电环境要合格:现在都是 3C 电源,必须要有效接地,可以避免漏电和增强抗干扰能力,如果遇有大的电压波动,建议暂停使用。

防止灰尘危害:灰尘进入主机长期积累会产生静电,损坏计算机和影响内部散热,容易导致死机和运行速度慢,不稳定。

小心雷雨季节:如遇雷雨天气,一定要拔下网线和主机电源插头,避免雷电击穿计算机或者引发火灾。

注意防潮:环境比较潮湿的地区,如果长时间不使用机器,会导致机器受潮,引起电性能故障,请保持每月至少开机两次,并且正常运行 10 min 以上。

计算机使用常识(二)

小心黑客和病毒:系统需要及时地升级软件,避免遭到黑客攻击,解决不稳定的问题,建议使用正版的杀毒软件,使用在线方式对病毒库升级,可以查杀最新的病毒,系统速度才更快、更稳定。

不要突然断电:计算机在使用中千万不要突然断电关机,这种情况很容易损坏硬盘和其他部件,导致数据丢失,缩短使用寿命。

不要随意搬动:在开机状态绝对禁止对主机或显示器进行擦拭、移动等工作,以免导致硬盘产生坏道,甚至损坏,对于显示器,容易花屏损坏。

避免"流氓软件":这类软件往往会影响正常上网,强行添加无关链接和进行系统设置,导致系统速度异常缓慢甚至崩溃,建议用 360 安全卫士等反流氓软件进行保护。

定期整理硬盘数据:对硬盘进行检查或清理,有助于文件归档,有利于提高运行速度。

注意静电防护:尤其是在冬天干燥的环境中,更容易产生高压静电放电,会对计算机内部芯片造成不可修复的损坏。在要插拔计算机连接线之前,可以先洗手或者触摸接地的物体,如房间中的暖气、没有贴壁纸的墙面等,以除去身上的静电。

正确插拔 USB 设备:这类设备一般可以带电插拔,但不正确的方法操作,则会损坏计算机和设备,丢失数据。取下这些设备前,必须先在 Windows 系统中"安全删除硬件",然后才能从计算机上拔下设备的数据线。

禁止带电插拔:连接在主机周围的设备,如键盘鼠标、显示器、打印机、音箱等都是禁止带电从主机插拔的,因为非常容易造成设备内部或者主机内部的芯片烧毁。

第2章 操作系统 Windows 7

☞**学习目标：**
◆ 掌握操作系统的特点及基本功能。
◆ 熟悉操作系统的分类及常用的操作系统的特点。
◆ 掌握 Windows 操作系统的基础知识。
◆ 熟悉 Windows 7 操作系统的安装。
◆ 熟练使用 Windows 7 的基本操作及应用程序。

2.1 操作系统基础知识

2.1.1 什么是操作系统

操作系统(Operating System,OS)是一组用于控制和管理计算机系统中的所有资源的程序集合,其任务是合理地组织计算机的工作流程,有效地组织资源协调一致地工作以完成各种任务,从而达到充分发挥资源效率、方便用户使用的目的。

计算机系统由软件系统和硬件系统两部分构成,其层次关系如图2-1所示。软件系统包括系统软件和应用软件。操作系统是系统软件的核心,直接运行在裸机上,是对计算机硬件功能的首次扩充,所有其他软件,如编译程序、数据库管理程序、各种应用程序都是建立在操作系统基础之上的,并得到它的支持和取得它的服务。从用户角度看,当计算机

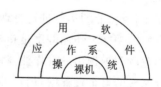

图2-1 计算机系统的层次关系

配置了操作系统后,用户不再直接使用计算机系统硬件,而是利用操作系统所提供的命令和服务去操纵计算机,即操作系统充当用户与计算机之间的接口。事实上,操作系统已成为现代计算机系统中必不可少的最重要、最基础的系统软件。

2.1.2 操作系统的功能

操作系统的主要功能是对计算机系统的资源进行合理有效的管理,控制计算机的工作流程,并提供用户与计算机交互的操作界面。从资源管理的角度来看,操作系统的功能分为处理机管理、存储器管理、设备管理、文件管理和作业管理五大部分。

1. 处理机管理

处理机管理是指对CPU(中央处理器)的分配和运行实施有效管理。在单作业系统中,由于最多只有一个作业处于运行状态,这时的CPU被运行作业所独占,所以不需要进行处理器管理。但在多道程序或多用户的情况下,要组织多个作业同时运行,就要解决处理器分配调度策略、分配实施和资源管理回收等问题。

2. 存储器管理

存储器管理是指对计算机内存资源的管理,目的是提高内存的利用率。存储器管理程序将根据用户程序的要求给它分配适当的内存,同时保护存放在内存中的数据和程序不被破坏。存储器管理还解决内存扩充问题,即将内存和外存结合起来管理,为用户提供一个容量比实际内存大得多的虚拟存储器。操作系统的这一部分功能和存储器硬件的结构密切相关。

3. 设备管理

设备管理负责各类外围设备的管理,包括设备资源分配、调度、故障处理以及解决 CPU 与外设间速度不匹配的矛盾。为了提高效率,设备管理往往采用虚拟设备技术和缓冲技术,尽可能提高 CPU 与设备、设备与设备之间操作的并行程度。此外,设备管理应为用户提供一个良好的界面,使用户不必关心具体设备的物理特性就可以方便、灵活地访问这些设备。

4. 文件管理

文件管理是指对各种软件资源的管理。由于数据信息是以文件的形式组织起来并保存在外部存储介质上的,所以文件是管理的基本单位。文件可被看作操作系统中用户和外存储器之间的接口。文件管理的主要任务是为用户提供一个一致、简便的使用文件的方法,保证文件的可靠性和安全性,并提供文件的加密措施。此外,文件管理还可为多个用户共享文件提供有效的手段。

5. 作业管理

作业是用户程序及其所需数据和命令的集合。作业管理的主要任务是根据系统条件和用户需要,对作业的运行进行合理的组织及相应的控制。作业管理应具备作业调度和作业控制两方面的功能。作业调度是指根据系统的能力和当前作业的运行情况,按一定调度策略,从后备作业队列中选出一批作业,将它们调入内存运行;作业控制是指作业从进入系统开始,直到运行完成的整个过程中,用户可通过某种形式向系统发出各种命令,以对自己的作业进行控制和管理。

2.1.3 操作系统的分类

操作系统有多种分类标准,常用的分类标准有以下四类:按与用户交互的界面分类,按能支持的用户数目分类,按是否能够运行多个任务分类,按操作系统的功能分类。

1. 按与用户交互的界面分类

(1) 命令行用户界面操作系统

常见的命令行用户界面操作系统有 DOS、Novell 以及更早期的 CP/M 等。此类操作系统的共同特点是用户通过在命令提示符后面输入命令来操作计算机。例如,如果要在 DOS 操作系统中运行磁盘检查程序 chkdsk,则在命令提示符(C:\DOS)下输入程序名 chkdsk. exe 并按 Enter 键来执行该程序。

(2) 图形用户界面操作系统

常见的图形用户界面操作系统有 Windows、Macintosh 等。在此类操作系统中,文件、文件夹和应用程序用图标来表示,命令也都以菜单或按钮的命令形式列出。因此,运行某一程序,无须知道命令的具体格式和语法,大多数时候只需要使用鼠标对图标和命令进行单击或双击即可。需要指出的是,许多操作系统同时提供了命令行用户界面和图形用户界面。例如,Windows 95/98 操作系统中保留了 MS-DOS 方式,而 Linux 操作系统则具有命令提示符界面和 X-Windows 图形用户界面。因此,在学习操作系统用户界面时不能偏废,对命令行用户界面和图形用户界面都应该学习和掌握。

2. 按能支持的用户数目分类

(1) 单用户操作系统

常见的单用户操作系统有 DOS、Windows 3.x、Windows 95/98、Windows Me、Windows NT Workstation、Windows 2000 Professional、Windows XP、Windows 7、Windows 8、Windows 10 OS/2 等。此类操作系统结构简单,计算机的硬件、软件资源每次由一个用户独占使用。

(2) 多用户操作系统

常见的多用户操作系统有 MP/M、Xenix、UNIX 等。此类操作系统的特点是多个用户可通过各自的终端分时共享主计算机上的硬件和软件资源,结构和管理比单用户操作系统复杂。

3. 按是否能够运行多个任务分类

(1) 单任务操作系统

DOS 是典型的单任务操作系统。在此类操作系统中,用户一次只能提交一个任务,待该任务处理完毕才能提交下一个任务。

(2) 多任务操作系统

常见的多任务操作系统有 Windows、Linux、UNIX 等。在此类操作系统中,用户一次可以提交多个任务,系统根据一定的调度策略,交替运行提交的多个任务。

4. 按操作系统的功能分类

操作系统按照功能可以分为批处理操作系统、分时操作系统、实时操作系统、网络操作系统、分布式操作系统。

(1) 批处理操作系统

批处理操作系统是早期常见的操作系统。它的主要特点是由用户把多个需要计算机处理的作业批量提交给计算机,由计算机批量处理,中间不需要人工干预。批处理操作系统的出现解决了用户操作速度较慢与计算机处理速度较快之间的矛盾。

(2) 分时操作系统

分时操作系统把 CPU 工作时间划分为多个时间片,并按照一定算法分配给各个终端用户,以支持多个终端用户同时使用计算机系统。每个用户程序一次只能运行一个时间片的时间,时间片用完后就让出 CPU 供其他用户程序使用,并等待下一次时间片的分配。由于时间片相对较短(通常为毫秒级),所以在分时系统中,虽然系统为多个用户服务,但由于每个用户程序运行的等待时间短,给用户独占整个计算机系统资源的感觉。

(3) 实时操作系统

实时操作系统的特点是使计算机能及时响应外部事件的请求,在规定的时间内完成对该事件的处理,并控制所有实时设备和实时任务协调一致地运行。根据具体应用领域的不同,实时操作系统可分为实时控制系统和实时信息处理系统。

(4) 网络操作系统

多台独立工作的计算机通过通信线路连接起来,构成一个资源共享信息系统,称为计算机网络。网络中每一台计算机可以通过网络协议实现不同计算机间、不同操作系统间以及不同用户间的通信和资源共享。这种能提供网络通信和网络资源共享功能的操作系统称为网络操作系统。常见的网络操作系统有 Windows Server 2003、Windows NT Server、Linux、UNIX 等。

(5) 分布式操作系统

分布式计算机系统也是由多台计算机连接起来组成的计算机网络,系统中的若干台计算机可以互相协助来完成一个共同的任务。用于管理分布式计算机系统中的资源,使系统中各计算机协调工作的操作系统称为分布式操作系统。

2.1.4 常用的操作系统

目前,常用的操作系统有 DOS、Windows、UNIX、和 Linux 等。

1. DOS 操作系统

DOS 是英文 Disk Operating System 的简称,中文为磁盘操作系统,自 1981 年推出 1.0 版发展至今已升级到 6.22 版。DOS 的操作界面为字符命令方式,为单用户、单任务操作系统。

2. Windows 9x/Windows ME/Windows XP

Windows 9x 是美国微软(Microsoft)公司推出的窗口式图形界面多任务操作系统,用户接口直观、友好,弥补了 DOS 的种种不足。与 Windows 9x 相比,后期推出的 Windows ME (2000 年)、Windows XP(2001 年)功能更强大,主要表现在网络互联、数字媒体、娱乐组件、硬件即插即用、系统还原、系统安全等功能方面的突破与提高。

3. Windows NT/Windows 2000

Windows NT 是一种网络操作系统。它在应用、管理和优化内联网/互联网服务、通信及网络集成服务等方面拥有多项其他操作系统无可比拟的优势。因此,它常被用于要求严格的商用台式机、工作站和网络服务器。

Windows 2000 是在 Windows NT 4.0 的基础之上开发的新一代操作系统,集 Windows NT 技术和 Windows 9x 的优点于一身,并在此基础上发展了许多新的特性和功能,如智能镜像、终端服务、分布式文件系统、磁盘定额、DNS 增强以及活动目录等。因此,Windows 2000 更易于使用和管理,可靠性更强,执行更迅速,更稳定和更安全,网络功能更齐全,娱乐效果更佳。

4. Windows 7

Windows 7 是由 Microsoft 公司开发的操作系统,核心版本号为 Windows NT 6.1。Windows 7 可供家庭及商业工作环境、笔记本电脑、平板电脑、多媒体中心等使用。2009 年 10 月 22 日,Microsoft 公司于美国正式发布 Windows 7。Windows 7 同时也发布了服务器版本——Windows Server 2008 R2。微软公司称,2014 年 Microsoft 公司将取消 Windows XP 的所有技术支持。Windows 7 将是 Windows XP 的继承者。

5. UNIX

UNIX 操作系统是一种多用户、多任务的通用操作系统。它为用户提供了一个良好、灵活的交互式操作界面,支持用户之间共享数据,并提供众多的集成工具以提高用户的工作效率,具有良好的可移植性,支持多种不同的硬件平台。UNIX 操作系统的可靠性和稳定性是其他系统所无法比拟的,是公认的最好的 Internet 服务器操作系统。从某种意义上讲,整个因特网的主干几乎都是建立在运行 UNIX 的众多机器和网络设备之上的。

> 💡 **温馨提示**
>
> 　　UNIX 操作系统主要用于学术研究机构;Windows 操作系统主要用于家庭、商业用户。相对于后者,前者的安全性、可靠性更好,很少遭受网络病毒攻击。

6. Linux

　　Linux 是一套免费使用和自由传播的类 UNIX 操作系统,由全世界各地成千上万的程序员设计和实现而成,具有功能强大、性能出众、稳定可靠等特点。用户不用支付任何费用就可以获得该系统及其源代码,无偿使用它,还可以根据自己的需要对其进行必要的修改,并自由地继续传播。

　　Linux 以它的高效性和灵活性著称,能够在个人计算机上实现几乎全部的 UNIX 特性,具有多任务、多用户的特性。系统不但包括文本编辑器、高级语言编译器等应用软件,还带有多个窗口管理器的 X - Windows 图形用户界面,如同使用 Windows 系统一样,允许用户使用窗口、图标和菜单对系统进行操作。

　　现在,Linux 在服务器市场上的发展势头比 Windows NT 更佳,尤其在因特网主机上,Linux 的份额已经超过 Windows NT。

　　此外,还有运行在苹果机上的 Mac OS X 操作系统。苹果机一般专门作为图形处理的工作站。Microsoft 公司在 2012 年 10 月发布了新一代操作系统 Windows 8。Windows 8 大幅改变以往的操作逻辑,提供更佳的屏幕触控支持。新系统画面与操作方式变化极大,采用全新的 Metro(新 Windows UI)风格用户界面,各种应用程序、快捷方式等能以动态方块的样式呈现在屏幕上,用户可自行将常用的浏览器、社交网络、游戏、操作界面融入。

2.2　Windows 操作系统

2.2.1　Windows 的发展历史

　　1983 年,Apple Computer 公司推出世界上第一个成功的商用 GUI(图形用户接口)系统 Apple Macintosh。与此同时,Microsoft 公司也宣布开始研究开发 Windows,希望它能够成为基于 Intel x86 微处理芯片计算机的标准 GUI 操作系统。Microsoft 公司于 1985 年 11 月推出的 Windows 最初版本 Windows 1.01 和 1987 年推出的 Windows 2.0 由于本身的不成熟和当时的硬件与 DOS 操作系统的限制,并没有取得很大的成功。此后,Microsoft 公司对 Windows 的内存管理、图形界面做了重大改进,使图形界面更加美观,并支持虚拟内存,于 1990 年 5 月推出真正产生巨大影响的 Windows 3.0。与当时微型计算机上的主流操作系统 DOS 相比,它具有全新的图形用户界面、方便的操作方式,突破了 640 KB 常规内存的限制,具有同时运行多道程序、处理多个任务的能力。Windows 3.0 一经面世便在商业上取得惊人的成功,一举奠定了 Microsoft 公司在微型计算机操作系统上的垄断性地位。1992 年 4 月,Microsoft

公司又推出 Windows 3.0 的改进版本 Windows 3.1。Windows 3.1 相对 Windows 3.0 又作了一些改进,主要是增加了对象链接和嵌入技术以及多媒体支持技术,同时引进了基于缩放技术的 TrueType 字体及一种新型文件管理程序,提高了系统性能和可靠性。Windows 3.0 和 Windows 3.1 都必须运行在 MS-DOS 操作系统之上。1993 年 8 月,Microsoft 公司又发行了针对客户机/服务器模式开发的用于网络环境的 Windows NT 3.1。正是这两者的进一步广泛使用,为 Windows 取代 DOS 打下了基础。

在 Windows 发展史上具有划时代意义的是 Microsoft 公司于 1995 年推出的 Windows 95,它可以独立运行而无须 DOS 支持。Windows 95 是操作系统发展史上一个里程碑式的产品,对 Windows 3.1 做了许多重大改进,包括:更加优秀的、面向对象的图形用户界面;全 32 位的高性能的抢先式多任务和多线程;内置的对 Internet 的支持;更加高级的多媒体支持;即插即用,简化用户配置硬件操作,并避免了硬件上的冲突;32 位线性寻址的内存管理和良好的向下兼容性以及支持长文件名等。1998 年,Microsoft 公司又推出 Windows 98,它集成了网络浏览器 Internet Explorer 4.0,支持多项驱动程序和界面状态,包括 USB 和 ACPI 等。

目前,Windows 家族大致分为两类:一类主要用于家庭和个人用户,按推出时间的先后顺序依次为 Windows 3.0、Windows 95、Windows NT Workstation、Windows 98、Windows Me、Windows 2000 Professional、Windows XP、Windows Vista 和 Windows 7;另一类是在网络环境中作为服务器操作系统使用,包括 Windows NT Server、Windows Server 2000、Windows Server 2003 和 Windows Server 2008。本节以目前最流行的 Windows 7 为例介绍其基础知识和基本操作。

2.2.2 Windows 7 的安装和启动

1. Windows 7 的安装运行环境

在安装 Windows 7 之前,必须保证计算机具有基本的硬件配置。Microsoft 公司官方制定的最低配置要求如下:
- CPU:1 GHz。
- 内存:1 GB。
- 硬盘空间:16 GB。
- 显卡:支持 DirectX 9.0,128 MB 显存。
- 光盘驱动器:DVD-ROM 或 DVD 刻录机。
- 激活要求:网络或电话,用以激活 Windows。

理想配置要求如下:
- CPU:1 GHz 及以上的 32 位或 64 位处理器。
- 内存:1 GB(32 位)/2GB(64 位)。
- 硬盘:20 GB 以上可用空间。
- 显卡:支持 DirectX 10 以上级别的独立显卡。
- 光盘驱动器:DVD-ROM 或 DVD 刻录机。
- 激活要求:网络或电话,用以激活 Windows。

此外,在安装 Windows 7 之前,最好关闭反病毒软件等可能导致问题的软件。

2. Windows 7 的安装

下面以在新硬盘上安装 Windows 7 为例,介绍 Windows 7 的完整安装过程。

① 打开计算机,插入 Windows 7 安装光盘或 USB 闪存驱动器,然后关闭计算机。

② 重新启动计算机。

③ 屏幕提示时按任意键,然后按照显示的说明进行操作。

④ 在"安装 Windows"页面上,输入语言和其他首选项,然后单击"下一步"按钮。

⑤ 如果"安装 Windows"页面未出现,且系统未要求按下任何键,则可能需要更改某些系统设置。

⑥ 在"请阅读许可条款"页面上,如果接受许可条款,单击"我接受许可条款"按钮,然后单击"下一步"按钮。

⑦ 在"想进行何种类型的安装?"页面上,单击"自定义"按钮。

⑧ 在"想将 Windows 安装在何处?"页面上,选择要用来安装 Windows 7 的分区;如果未列出任何分区,则单击"未分配空间"按钮,然后单击"下一步"按钮。如果出现对话框,则说明 Windows 可能会为系统文件创建其他分区,或用户选择的分区可能包含有恢复文件或计算机制造商的其他类型文件,单击"确定"按钮。

⑨ 按照说明完成 Windows 7 的安装,包括为计算机命名以及设置初始用户账户。

Windows 7 既可以在无操作系统的计算机上安装,也可以在 Windows 早期版本的基础之上进行升级安装。

3. Windows 7 的启动与退出

要使用 Windows 7 操作系统,首先需要启动 Windows 7,在登录系统之后才可以进行一系列相关的操作。开机启动 Windows 7 的操作步骤如下:

① 按下显示器和计算机主机的电源按钮,打开显示器并接通主机电源。

② 在启动过程中 Windows 7 会进行自检、初始化硬件设备,如果系统运行正常,则无须进行其他任何操作。

③ 如果没有对用户账户进行任何设置,则系统将直接登录 Windows 7 操作系统;如果设置了用户密码,则在"密码"文本框中输入密码,然后按 Enter 键或用鼠标单击,便可登录 Windows 7 操作系统。

使用 Windows 7 完成所有的操作后,可关机退出 Windows 7。退出时应采取正确的方法,否则可能使系统文件丢失或出现错误。关机退出 Windows 7 的操作步骤如下:

① 单击 Windows 7 工作界面左下角的"开始"按钮。

② 弹出"开始"菜单,单击右下角的"关机"按钮,计算机自动保存文件和设置后退出 Windows 7。

③ 关闭显示器及其他外部设备的电源。

> **温馨提示**
>
> 安装完 Windows 7 并配置好网络连接后,最好上 Microsoft 公司官方网站下载并安装操作系统对应的补丁程序,同时安装如 360 杀毒之类的杀毒、防火墙软件,这样可以有效地防止计算机病毒的攻击,增强系统的安全性和健壮性。

2.2.3　使用"开始"菜单

当用户使用计算机时,利用"开始"菜单可以完成启动应用程序、打开文档以及寻求帮助等任务。一般的操作都可以通过"开始"菜单来实现。

1. 启动应用程序

用户启动应用程序有多种方式,如可以在桌面上创建快捷方式,直接从桌面上启动,也可以在任务栏上创建工具栏启动,但是大多数人在使用计算机时,还是习惯使用"开始"菜单进行启动。当用户启动应用程序时,可单击"开始"按钮,在打开的"开始"菜单中把鼠标指向"所有程序"菜单项,这时首先显示各个程序的汇总菜单,在该菜单中选择某个选项,如选择"附件"选项,打开该选项下的二级菜单。该二级菜单由"附件"选项包含的所有程序组成。选择某个程序选项,即可启动该程序,如图 2-2 所示。

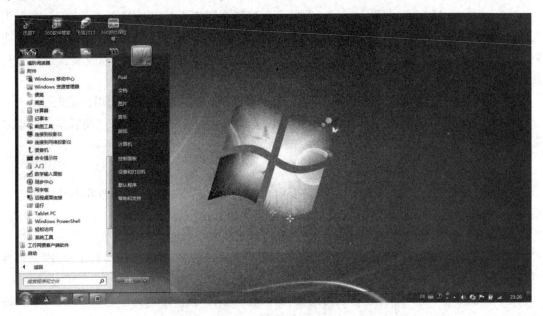

图 2-2　启动应用程序

> 💡**小窍门**
>
> 如果用户安装了很多应用程序,在"所有程序"菜单中的显示会难以识别。用户可用如下方法把常用程序的菜单项放置到醒目位置:选中程序菜单项,按下鼠标左键拖动到醒目位置并松开鼠标。

2. 查找内容

有时用户需要在计算机中查找一些文件或文件夹的存放位置,手动查找比较费时,使用"搜索"命令可以帮助用户快速找到所需要的内容。除了文件和文件夹外,还可以查找图片、音乐、网络上的计算机和通讯簿中的人等。

Windows 7 的"开始"菜单提供了快捷的搜索功能,只需在标有"搜索程序和文件"的搜索框中输入需要查找的内容或对象,便能够迅速地查找到该内容或对象。

3. 创建桌面快捷方式

① 打开计算机,直接找到应用程序所在位置,在应用程序上单击鼠标右键,选择"发送到"
→"桌面快捷方式"命令即可,如图 2-3 所示。

② 在桌面上单击鼠标右键,选择"新建"→"快捷方式"命令,在随后弹出的对话框中单击
"浏览"按钮,指定到应用程序所在位置并选中,然后单击"下一步"按钮,键入该快捷方式的名
称框中输入对应程序的名称,单击完成即可创建快捷方式,如图 2-4、图 2-5 所示。

图 2-3　创建桌面快捷方式 1　　　　　　　　图 2-4　创建桌面快捷方式 2

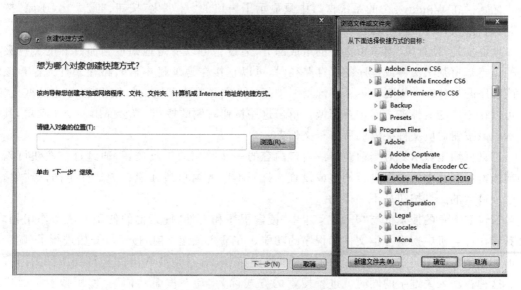

图 2-5　创建桌面快捷方式 3

2.2.4　Windows 7 的操作窗口

通过"开始"菜单可以打开 Windows 7 的操作窗口。单击"开始"按钮,弹出"开始"菜单,选择系统控制区的"计算机"命令可以打开操作窗口。窗口一般被分为系统窗口和程序窗口。系统窗口一般指"计算机"窗口等 Windows 7 操作系统的窗口,主要由标题栏、地址栏、搜索框、工具栏、窗口工作区和窗格等部分组成,如图 2-6 所示;而程序窗口根据程序和功能与系统窗口有所差别,但其组成部分大致相同。

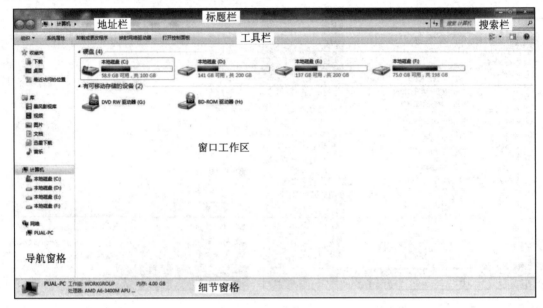

图 2-6　系统窗口

标题栏在 Windows 7 的系统窗口中只显示了窗口的"最小化"按钮、"最大化/还原"按钮和"关闭"按钮,单击这些按钮可对窗口执行相应的操作。

地址栏是"计算机"窗口中重要的组成部分,通过它可以清楚地知道当前打开的文件夹的路径。当知道某个文件或程序的保存路径时,可以直接在地址栏中输入路径来打开保存该文件或程序的文件夹。Windows 7 的地址栏中每一个路径都由不同的按钮组成,单击这些按钮,就可以在相应的文件夹之间进行切换。单击这些按钮右侧的按钮,将会弹出一个子菜单,其中显示了该按钮对应文件夹内的所有子文件夹。

工具栏用于显示针对当前窗口或窗口内容的一些常用的工具按钮,通过这些按钮可以对当前的窗口和其中的内容进行调整或设置。打开不同的窗口或在窗口中选择不同的对象,工具栏中显示的工具按钮是不一样的。

窗口右上角的搜索框与"开始"菜单中"搜索程序和文件"搜索框的使用方法和作用相同,都具有在计算机中搜索各类文件和程序的功能。在输入关键字时,搜索就开始进行了,随着输入的关键字越来越完整,符合条件的内容也将越来越少,直到搜索出完全符合条件的内容为止。这种在输入关键字的同时就进行搜索的方式称为"动态搜索功能"。使用搜索框时应注意,如在"计算机"窗口中打开某个文件夹窗口,并在搜索框中输入内容,表示只在该文件夹窗口中搜索,而不是对整个计算机资源进行搜索。

窗口工作区用于显示当前窗口的内容或执行某项操作后显示的内容。如果窗口工作区的内容较多,则将在其右侧和下方出现滚动条,通过拖动滚动条可查看其他未显示出的部分。

细节窗格用于显示当前窗口所操作文件夹或文件的细节信息。

1. 关闭窗口

在窗口中执行完操作后,可关闭窗口,其方法有以下几种:

1)使用菜单命令,将鼠标光标移到标题栏后右击,在弹出的快捷菜单中选择"关闭"命令关闭窗口。

2)单击"关闭"按钮,直接单击窗口右上角的"关闭"按钮关闭窗口。

3)使用任务栏,右击窗口在任务栏中对应的图标,在弹出的快捷菜单中选择"关闭窗口"命令。

2. 移动窗口

在操作计算机时,为了方便操作某些部分,需要调整窗口在桌面上的位置,其方法是将鼠标光标移到窗口的标题栏上,按住鼠标左键不放,可以拖动窗口到任意位置。

3. 改变窗口大小

在使用计算机的过程中,为了操作方便经常需要改变窗口大小。改变窗口大小的方法很多,可根据实际情况选择不同的方法。

最小化或最大化/还原窗口:

1)单击窗口右侧的"最小化"按钮或"最大化/还原"按钮,可以完成相应的最小化或最大化/还原窗口的操作。

2)双击窗口的标题栏可以完成最大化/还原窗口的操作。

3)在标题栏上右击,在弹出的快捷菜单中选择相应的命令可完成最小化和最大化。

4)Windows 7 还提供了一种快捷的方法来改变窗口大小,那就是"拖"。其操作方法是,当窗口最大化时将光标移到窗口的标题栏上,按住鼠标不放,向下拖动可以还原窗口;还原窗口后按住鼠标不放向上拖动,当鼠标光标与屏幕上边缘接触出现"气泡"时,释放鼠标,窗口将被最大化。

通过拖动窗口边框改变其大小:

通过拖动窗口边框改变其大小是实际操作中经常使用到的一种快捷的方法,只需将鼠标光标移到窗口边框,当光标变为双箭头形状时,按住鼠标左键不放,拖动窗口边框,可以任意改变窗口的长或宽。在窗口的四个直角处拖动窗口,可以同时改变窗口的长和宽,任意改变窗口大小。

4. 排列窗口

与其他版本一样,Windows 7 也可以对窗口进行不同的排列,方便用户对窗口进行操作和查看,尤其当打开的窗口过多时,采用不同的方式排列窗口可以提高工作效率。其方法是,在任务栏的空白处右击,在弹出的快捷菜单中选择"层叠窗口""堆叠显示窗口"或"并排显示窗口"命令。各命令的作用和执行命令后的效果分别介绍如下。

➤ 层叠窗口:在桌面上按照上下层的关系依次排列打开的窗口,并且留下足够的空间,便于查看其他内容或执行其他操作。

➤ 堆叠显示窗口:将当前打开的所有窗口横向平铺显示。

➢ 并排显示窗口:将当前打开的所有窗口纵向平铺显示。

"层叠窗口"与"并排显示窗口""堆叠显示窗口"排列方式相比,没有占满显示器的整个屏幕,但是当打开更多的窗口时,它们显示的排列样式类似。

5．多窗口预览和切换

在使用计算机的过程中,经常需要打开多个窗口,并在这些窗口之间进行切换预览。Windows 7 的窗口预览切换功能是非常强大和快捷的,并且提供的方式也很多。下面介绍预览和切换窗口的多种方法。

1）通过窗口可见区域切换窗口:如果非当前窗口的部分区域可见,则将鼠标光标移动至该窗口的可见区域处单击,即可切换到该窗口。

2）通过 Alt＋Tab 组合键预览切换窗口:通过 Alt＋Tab 组合键预览切换窗口时,将显示桌面所有窗口的缩略图。其方法是,按住 Alt 键不放,同时按 Tab 键,可以预览所有打开窗口的缩略图,此时当选中某张缩略图时,窗口会以原始大小显示在桌面上,释放 Alt 键便可切换到该窗口。

3）通过 Win＋Tab 组合键预览切换窗口:使用 Win＋Tab 组合键预览和切换窗口时,桌面将显示所有打开的窗口,包括空白的桌面,并且采用了 Flip 3D 效果。通过 Win＋Tab 组合键预览切换窗口的方法是,按住键盘上的 Win 键不放,同时按 Tab 键即可在打开的窗口之间切换,当所需的窗口位于第一个时,释放 Win 键,该窗口即显示为当前活动窗口。

2.2.5　Windows 7 的应用程序

在使用计算机的过程中,经常需要安装、更新或删除应用程序。在 Windows 7 中安装应用程序,一般是运行安装盘上或从网络上下载的安装程序,但是删除应用程序是不能采用直接删除应用程序文件夹的方法的。其主要原因有 3 点:

1）应用程序在安装时,往往改写了 Windows 7 的某些系统配置(注册表),直接删除应用程序文件夹不会恢复这些改写的地方。

2）应用程序在安装时,常常把某些动态链接库(DLL)文件安装在 WINDOWS 目录中,直接删除应用程序文件夹不会删除掉这些文件。

3）应用程序的一些 DLL 文件有时被其他的程序占用,删除这些文件会导致其他程序不能正常运行。

在 Windows 7 的控制面板中,有一个添加或删除应用程序工具,用它来安装和删除应用程序,将不会出现以上错误。

1．安装应用程序

在 Windows 7 中安装应用程序非常简单,只需将从网络上下载或存于光盘中的应用程序目录打开,然后双击里面的 setup. exe 文件即可。有些软件光盘带有应用程序的自动安装程序,光盘装入计算机的光驱后即自动进入安装状态。在安装过程中,用户有时需要按照安装提示信息进行简单的设置或选择。

计算机外部设备的安装与应用程序类似。下面以添加打印机为例简单介绍硬件设备的安装过程。

首先将打印机数据线与计算机连接好并接通电源,然后选择"开始"|"打印机和传真"命

令,在打开的程序界面单击"添加打印机"命令,然后按弹出的向导对话框中的提示信息安装即可,如图 2-7 所示。

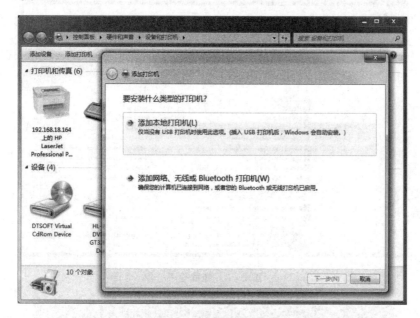

图 2-7　添加打印机

2. 更改已安装的程序

为了节省磁盘空间、提高系统运行效率或增加组件功能等,用户有时需要对已安装注册的应用程序或 Windows 7 本身进行更改。这时一般要插入应用程序的安装光盘或操作系统盘,按照安装提示进行组件的添加或删减即可。

3. 删除应用程序

应用程序在安装之后,通常在控制面板的"程序和功能"对话框的列表中有该应用程序表项。选定需要删除的应用程序表项,单击"卸载/更改"按钮便可将其删除,如图 2-8 所示。对于未注册的应用程序,则应检查该程序所在的文件夹,查看是否有如 Uninstall.exe 的卸载程序,如果有,则执行它进行应用程序的卸载。

2.2.6　Windows 7 的资源管理器

资源管理器是一个与用户经常打交道的 Windows 7 应用程序。它主要负责系统中的数据和文件管理。在其窗口界面中,文件和文件夹的显示方式有超大图标、大图标、中等图标、小图标、列表、详细信息、平铺和内容。改变文件和文件夹显示方式既可通过更改"资源管理器"的布局调出菜单栏,在"查看"菜单中选择相应命令改变,也可以单击工具栏中的"更改您的视图"按钮来实现,如图 2-9 所示。使用"详细信息"方式显示文件和文件夹时,可以修改文件名、大小、类型、修改日期和时间等列的宽度,以便显示出所需的信息。

1. 资源管理器的常用启动方式

(1) 在 Windows 7 系统桌面任务栏中,用鼠标右击"开始"菜单图标,选择"打开 Windows 资源管理器"命令,如图 2-10、图 2-11 所示。

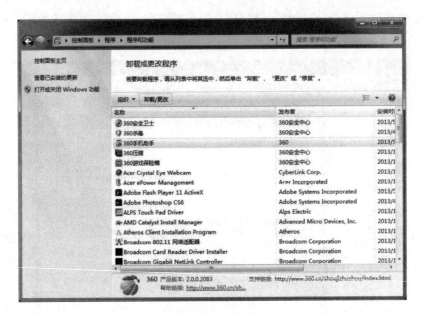

图 2-8 卸载程序

图 2-9 更改显示方式

图 2-10 资源管理器启动 1

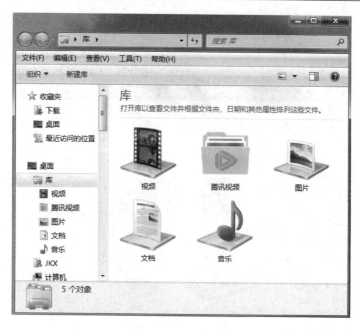

图 2 - 11　资源管理器

（2）单击打开"开始"菜单，选择"所有程序"→"附件"→"Windows 资源管理器"命令，如图 2-12 所示。

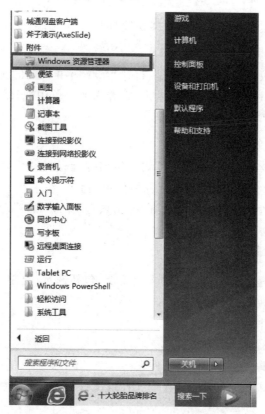

图 2 - 12　资源管理器启动 2

（3）在桌面上双击"计算机"图标,进去之后单击左侧的"库",即进入"资源管理器"窗口,如图 2－13 所示。

图 2－13　资源管理器启动 3

（4）利用快捷组合键 Windows＋E 直接快速打开。

2．文件和文件夹的排序

用户可以对文件和文件夹排序,方法是:打开"查看"菜单,选择"排序方式"命令,在子菜单中选择其中一种排序方式;也可在窗口中右击,在弹出的菜单中选择"排序方式"命令,在子菜单中选择其中一种排序方式。

3．文件和文件夹的分组

当文件和文件夹较多时,用户可以根据需要按名称、修改日期、类型和大小调整其排列的分组方式,方法是:打开"查看"菜单,选择"分组依据"命令,在子菜单中选择其中一种排序方式;也可在窗口中右击,在弹出的菜单中选择"分组依据"命令,在子菜单中选择其中一种排序方式。

4．文件和文件夹的管理

管理文件和文件夹是"资源管理器"的主要功能,包括选定、复制、移动、删除、发送、创建、重命名、查找、查看或修改等内容。

（1）选定文件和文件夹

选定文件或文件夹有以下 3 种方式:

1）单选一项:单击要选定的文件或文件夹。

2）选定连续多项:单击要选定的第一个文件或文件夹,然后按住 Shift 键,单击最后一个文件或文件夹。

3）选定不连续多项:单击要选定的第一个文件或文件夹,然后按住 Ctrl 键,依次单击其余各项。

　　单击选定的文件或文件夹以外位置可取消全部选定;或者按住 Ctrl 键,单击要取消的选定,即可逐个取消选定。

　　(2)复制文件或文件夹

　　1)使用菜单命令:选定要复制的文件或文件夹,选择"编辑"|"复制"命令;选定目标文件夹,再选择"编辑"|"粘贴"命令。

　　2)使用鼠标拖曳:按住 Ctrl 键,拖动选定的文件或文件夹到目标文件夹上。如果在不同驱动器之间复制,则不需按 Ctrl 键。

　　3)使用键盘:选定要复制的文件或文件夹,使用 Ctrl+C 组合键复制;选定目标文件夹,再使用 Ctrl+V 组合键粘贴。

　　(3)移动文件或文件夹

　　1)使用菜单命令:选定要移动的文件或文件夹,选择"编辑"|"剪切"命令;选定目标文件夹,再选择"编辑"|"粘贴"命令。

　　2)使用鼠标拖曳:按住 Shift 键,拖动选定的文件或文件夹到目标文件夹上。如果在同一驱动器上移动,则不需按 Shift 键。

　　3)使用键盘:选定要移动的文件或文件夹,使用 Ctrl+X 组合键剪切;选定目标文件夹,再使用 Ctrl+V 组合键粘贴。

　　(4)删除文件或文件夹

　　1)使用菜单命令:选定要删除的文件或文件夹,选择"编辑"|"删除"命令。

　　2)使用鼠标拖曳:拖动选定的文件或文件夹到"回收站";若拖动中同时按住 Shift 键,则选定内容将被彻底删除,而不保存到回收站。

　　3)使用键盘:选定要删除的文件或文件夹,按 Delete 键删除到回收站;如果同时按下 Shift 和 Delete 键,则选定内容将被彻底删除,而不保存到回收站。

　　如果想恢复刚被删除的文件和文件夹,则选择"编辑"|"恢复"命令。如果想恢复以前删除的文件、文件夹,可打开"回收站",选择要恢复的文件和文件夹,然后选择"回收站"的"文件"|"恢复"命令进行恢复。

　　(5)查看或修改文件和文件夹的属性

　　在 Windows 7 的"资源管理器"中可以方便地查看或修改文件和文件夹的属性。其操作方法为:

　　1)选定要查看或修改的文件、文件夹。

　　2)选择"文件"菜单或右击从弹出菜单中选择"属性"命令。

　　3)在弹出的"属性"对话框中可对"常规""共享""安全""以前的版本"和"自定义"选项卡中的属性进行更改。

　　4)单击"应用"按钮,操作有效且不关闭对话框;单击"确定"按钮,保留修改,关闭对话框。

2.2.7　Windows 7 的控制面板

　　常用的启用控制面板的方法有两种:

　　1)选择"开始"|"控制面板"命令。

　　2)选择"开始"|"计算机"命令,在打开的操作窗口工具栏中单击"控制面板"按钮。

"控制面板"程序启动后,将弹出如图 2-14 所示的窗口。在控制面板中可以进行系统和安全,网络和 Internet,硬件和声音,程序,用户账户和家庭安全,外观和个性化,时钟、语言和区域以及轻松访问等设置。

图 2-14 "控制面板"窗口

下面以添加 Windows 7 的用户账户为例简单介绍控制面板的功能。Windows 7 安装时默认创建了管理员用户,当需要创建一个普通用户或管理员用户时,用户可以用管理员用户身份单击"控制面板"中"用户账号和家庭安全"图标下的"添加或删除用户账号"打开"管理账户"窗口,如图 2-15 所示。

图 2-15 "管理账户"窗口

单击"创建一个新账户",打开"创建新账户"窗口,如图 2-16 所示。根据提示即可完成新用户的创建。

在控制面板中单击"系统和安全"图标打开"系统和安全"窗口,如图 2-17 所示。用户可以对操作中心、Windows 防火墙、系统、Windows Update、电源选项以及备份和还原等系统和安全的相关项目进行设置。

单击"系统"下面的"设备管理器"即进入"设备管理器"窗口,如图 2-18 所示。在设备管理器中,可以查看计算机所安装的硬件设备情况,有些设备与系统资源冲突,如"中断请求号"等,可以通过重新设置设备资源属性来消除冲突。

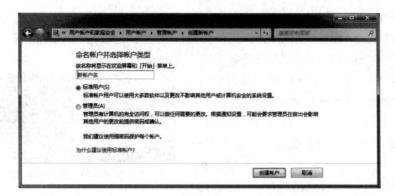

图 2-16　"创建新账户"窗口

图 2-17　"系统和安全"窗口

图 2-18　"设备管理器"窗口

　　启动设备管理器的另外一种方式是右击"开始"菜单中的"计算机"图标,在弹出的快捷菜单中选择"管理"命令,在随后出现的"计算机管理"窗口左侧的目录树中单击"设备管理器",即可在"计算机管理"窗口中打开设备管理器。

　　Windows 7 中文输入法可以根据自己的需要进行添加或删除,具体操作方法如下:

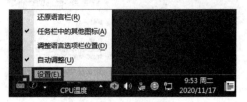

图 2-19　输入法设置 1

　　在桌面右下角,鼠标右击小键盘图标,然后就弹出如图 2-19 所示的快捷菜单,单击"设置"命令后即弹出如图 2-20 所示"文本服务和输入语言"对话框,单击右侧的"添加"按钮,选择要添加的输入法,然后单击"确定"按钮,如图 2-21 所示。添加成功后就可以在输入法指示区中选择相应的输入法了。反之,删除输入法也是这样类似的操作。

图 2-20　输入法设置 2

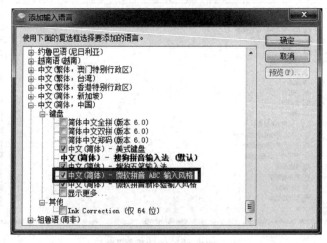

图 2-21　输入法设置 3

Windows 7 桌面背景的设置可以根据个人的喜爱,进行人性化的设置,具体操作方法如下:

在桌面空白处右键单击打开快捷菜单,选择"个性化"命令如图 2-22 所示。

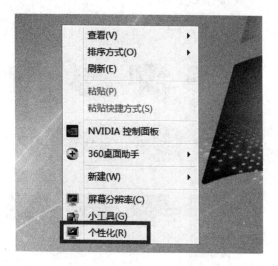

图 2-22　桌面个性化设置 1

打开个性化窗口中设置系统主题,如图 2-23 所示。

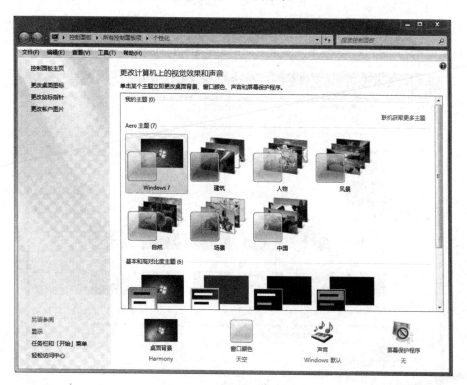

图 2-23　桌面个性化设置 2

如果想更换背景的话,则可单击该窗口下方的"桌面背景"按钮,如图 2-24 所示。

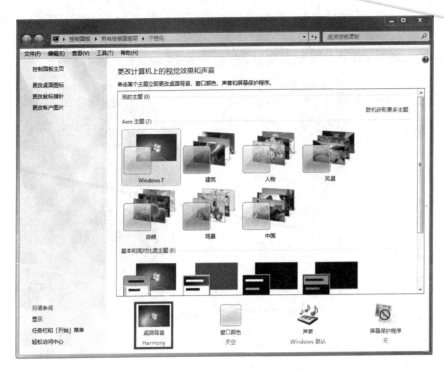

图 2-24　桌面个性化设置 3

　　在"桌面背景"窗口中单击"浏览"按钮,选择一个图片文件夹并单击"确定"按钮,没有的话用系统自带的图片也行,设置完成后单击"保存修改"按钮,如图 2-25 所示。

图 2-25　桌面个性化设置 4

2.2.8　Windows 7 的磁盘管理

1. 格式化磁盘

格式化磁盘就是在磁盘内分割磁区,作内部磁区标示,以便在磁盘上进行数据存储与访问。格式化磁盘可分为格式化硬盘和格式化 U 盘两种。格式化硬盘又可分为高级格式化和低级格式化。高级格式化是指在 Windows 7 操作系统下对硬盘进行的格式化操作;低级格式化是指在高级格式化操作之前,对硬盘进行的分区和物理格式化。下面以目前较常见的 U 盘为例介绍磁盘的格式化。

U 盘是一种通用串行接口(Universal Serial Bus,USB)设备,具有小巧、携带方便、存储容量大、价格便宜等特点,是最广泛使用的移动存储设备之一,如图 2-26 所示。

现在市面上的 U 盘容量有 4 GB、8 GB、16 GB、32 GB 等,价格不等。对于 Windows 7,将 U 盘直接插在机箱前面或后面的 USB 接口上,系统就会自动识别,无须驱动程序,同时在屏幕右下角,会出现一个代表 U 盘的小图标。接下来,用户可以像平时操作文件一样,在 U 盘上保存、删除文件。在 U 盘使用完毕后应安全弹出设备,单击系统任务栏右下角的 USB 设备图标,在弹出窗口中单击需要弹出的设备,如图 2-27 所示。在系统弹出"'USB 大容量存储设备'设备现在可安全地从计算机移除"的提示时便可以将 U 盘从计算机的 USB 接口上拔出。

图 2-26　U　盘

图 2-27　正确弹出 U 盘

U 盘的格式化操作非常简单,只需在资源管理器中右击 U 盘图标,在弹出的快捷菜单中选择"格式化"命令,最后在弹出的对话框中单击"开始"按钮即可,如图 2-28 所示。

若需要快速格式化,则可选中"快速格式化"复选框。

> 💡温馨提示
>
> 快速格式化不扫描磁盘的坏扇区而直接从磁盘上删除文件。只有在磁盘已经进行过格式化而且确信该磁盘没有损坏的情况下,才使用该选项。

磁盘格式化时,在"格式化"对话框中的"进程"框中可看到格式化的进程,格式化完毕将出现"格式化完毕"对话框(见图 2-29),单击"确定"按钮即可。

> 💡温馨提示
>
> 格式化磁盘将删除磁盘上的所有信息。

2. 清理磁盘

使用磁盘清理程序可以帮助用户释放硬盘驱动器空间,删除临时文件、Internet 缓存文件等不需要的文件,腾出它们占用的系统资源,以提高系统性能。

图 2-28 "格式化"对话框

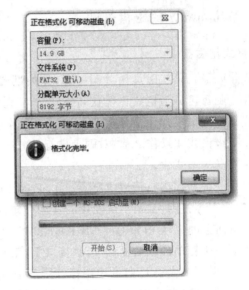

图 2-29 "格式化完毕"对话框

执行磁盘清理程序的具体操作如下：

1）选择"开始"│"所有程序"│"附件"│"系统工具"│"磁盘清理"命令。

2）打开"驱动器选择"对话框，如图 2-30 所示。

3）在该对话框中可选择要进行清理的驱动器。选择后单击"确定"按钮，可弹出该驱动器的"磁盘清理"删除文件选择对话框，如图 2-31 所示。

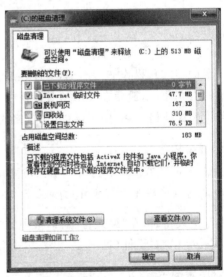

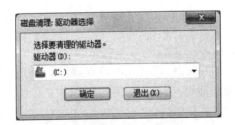

图 2-30 "驱动器选择"对话框

图 2-31 "磁盘清理"删除文件选择对话框

4）在选项卡中的"要删除的文件"列表框中列出了可删除的文件类型及其所占用的磁盘空间大小，选中某文件类型前的复选框，在进行清理时即可将其删除；在"占用磁盘空间总数"中显示了若删除所有选中复选框的文件类型后，可得到的磁盘空间总数；在"描述"框中显示了当前选择的文件类型的描述信息,单击"查看文件"按钮,可查看该文件类型中包含文件的具体信息。

5) 单击"确定"按钮,将弹出"磁盘清理"确认删除对话框,单击"删除文件"按钮,弹出"磁盘清理"对话框,如图 2 - 32 所示。

清理完毕,该对话框将自动消失。

图 2 - 32　"磁盘清理"对话框

3. 整理磁盘碎片

磁盘(尤其是硬盘)经过长时间的使用后,难免会出现很多零散的空间和磁盘碎片,一个文件可能会被分别存放在不连续的磁盘空间中,这样在访问该文件时系统就需要到不同的磁盘空间中去寻找该文件的不同部分,从而影响了运行的速度。同时由于磁盘中的可用空间也是零散的,所以创建新文件或文件夹的速度也会降低。使用磁盘碎片整理程序可以重新安排文件在磁盘中的存储位置,将文件的存储位置整理到一起,同时合并可用空间,达到提高运行速度的目的。

运行磁盘碎片整理程序的具体操作如下:

1) 选择"开始"|"所有程序"|"附件"|"系统工具"|"磁盘碎片整理程序"命令,打开"磁盘碎片整理程序"对话框,如图 2 - 33 所示。

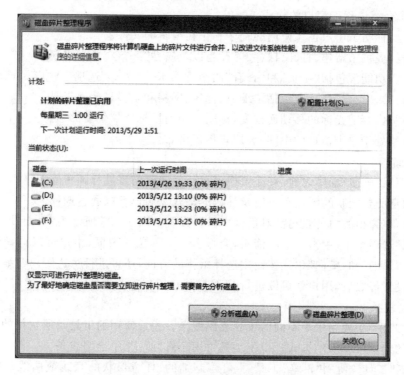

图 2 - 33　"磁盘碎片整理程序"对话框

2) 在该对话框中显示了磁盘的一些状态和系统信息。选择一个磁盘,单击"分析磁盘"按钮,系统即可分析该磁盘碎片的百分比。选中某个盘符后单击"磁盘碎片整理"按钮即可对该盘符进行磁盘整理。

2.2.9 Windows 7 的常用附件

1. 画 图

"画图"程序是一个位图编辑器,可以对各种位图格式的图画进行编辑。用户可以自己绘制图画,也可以对扫描的图片进行编辑修改,在编辑完成后,可以 BMP、JPG、GIF 等格式存档,用户还可以将其发送到桌面和其他文本文档中。

(1)认识"画图"界面

选择"开始"|"所有程序"|"附件"|"画图"命令,进入"画图"窗口,如图 2-34 所示。

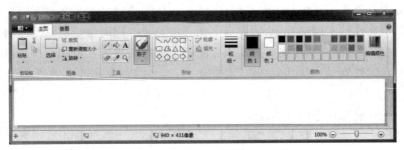

图 2-34 "画图"窗口

下面简单介绍该程序窗口的构成:

➢ 标题栏:标明了用户正在使用的程序和正在编辑的文件。

➢ 菜单栏:提供了新建、打开、保存、另存为以及属性等命令。

➢ 功能区:功能区包括"主页"和"查看"两个选项卡。"主页"选项卡包含了该软件的各种绘图工具;"查看"选项卡包括了缩放、标尺、网格和全屏显示等工具。

➢ 状态栏:内容随光标的移动而改变,标明了当前鼠标所处位置的信息。

➢ 绘图区:处于整个窗口的中间,为用户提供画布。

(2)页面设置

在用户使用"画图"程序之前,首先要根据自己的实际需要进行画布的选择,也就是要进行页面设置,确定所要绘制的图画大小以及具体的格式。用户可以通过选择"文件"|"打印"|"页面设置"命令,在弹出的"页面设置"对话框中进行设置。图 2-35 所示为"页面设置"对话框。

在"纸张"选项组中,单击向下的箭头,会弹出一个下拉列表框,用户可以选择纸张的大小及来源,可从"纵向"和"横向"单选按钮中选择纸张的方向,还可进行页边距离及缩放比例的调整。当一切设置好之后,用户就可以进行绘画工作了。

(3)绘制线条

可以在"画图"中使用多个不同的工具绘制线条。用户使用的工具及所选择的选项决定了线条在用户的绘图中显示的方式。以下工具可用于在"画图"中绘制线条。

1)"铅笔"工具。使用"铅笔"工具 ✏ 可绘制细的、任意形状的直线或曲线。在"主页"选项卡的"工具"组中,单击"铅笔"工具 ✏ 。在"颜色"组中,单击"颜色1",再单击某种颜色,然后在图片中拖动指针即可进行绘图。若要使用"颜色2(背景)"颜色绘图,则在拖动指针时右击。若要绘制水平直线,则在从一侧到另一侧绘制直线时按住 Shift 键;若要绘制垂直直线,则在向上或向下绘制直线时按住 Shift 键。

2)"曲线"工具。使用"曲线"工具 ∿ 可绘制平滑曲线。在"主页"选项卡的"形状"组中,

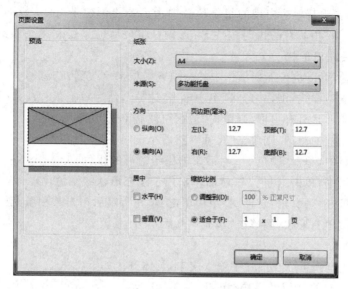

图 2 - 35　"页面设置"对话框

单击"曲线"工具 。单击"尺寸",然后单击某个线条尺寸,这将决定线条的粗细。在"颜色"组中,单击"颜色 1",再单击某种颜色,然后拖动指针绘制直线。若要使用"颜色 2(背景)"颜色画线,则在拖动指针时右击。创建直线后,在图片中单击希望曲线弧分布的区域,然后拖动指针调节曲线。

(4) 绘制其他形状

1) 绘制已有的形状。用户可以使用"画图"程序来绘制不同类型的已有形状。已有形状包括直线、曲线、椭圆形、矩形和圆角矩形、三角形和直角三角形、菱形、五边形、六边形、箭头(右箭头、左箭头、向上箭头、向下箭头)、星形(四角星形、五角星形、六角星形)、标注(圆角矩形标注、椭圆形标注、云形标注)、心形、闪电形等。

绘制已有的形状具体方法如下:

在"主页"选项卡的"形状"组中,单击某个已有的形状。若要绘制该形状,则拖动指针。若要绘制对称的形状,则在拖动鼠标时按住 Shift 键。例如,若要绘制正方形,则单击"矩形" ,然后在拖动鼠标时按住 Shift 键。

选择该形状后,可以执行下列操作中的一项或多项来更改其外观:

➤ 若要更改线条样式,则在"形状"组中单击"边框",然后单击某种线条样式。
➤ 如果不希望形状具有边框,则单击"边框",然后单击"无轮廓线"。
➤ 若要更改边框的粗细,则单击"尺寸",然后单击线条尺寸(粗细)。
➤ 在"颜色"组中,单击"颜色 1",然后单击用于边框的颜色。
➤ 在"颜色"组中,单击"颜色 2",然后单击用于填充形状的颜色。
➤ 若要更改填充样式,则在"形状"组中单击"填充",然后单击某种填充样式。
➤ 如果不希望填充形状,则单击"填充",然后单击"无填充"。

2) 绘制多边形工具。使用"多边形"工具 可以绘制具有任意边数的自定义形状。绘制多边形工具的具体方法如下:

在"主页"选项卡的"形状"组中,单击"多边形"工具 。若要绘制多边形,则拖动指针画一条直线。然后,在希望其他边出现的每个位置单击。若要创建带有 45°或 90°角的多边形,则在创建每个 45°或 90°角所在的边时按住 Shift 键。将最后一条线和第一条线连接起来,以完成绘制多边形并关闭该形状。

选择该形状后,可以执行下列操作中的一项或多项来更改其外观:

➤ 若要更改线条样式,则在"形状"组中单击"边框",然后单击某种线条样式。

➤ 如果不希望形状具有边框,则单击"边框",然后单击"无轮廓线"。

➤ 若要更改边框的粗细,则单击"尺寸",然后单击线条尺寸(粗细)。

➤ 在"颜色"组中,单击"颜色 1",然后单击用于边框的颜色。

➤ 在"颜色"组中,单击"颜色 2",然后单击用于填充形状的颜色。

➤ 若要更改填充样式,则在"形状"组中单击"填充",然后单击某种填充样式。

➤ 如果不希望填充形状,则单击"填充",然后单击"无填允"。

(5) 添加文本

使用"文本"工具**A**可以在图片中输入文本,具体方法如下:

在"主页"选项卡的"工具"组中,单击"文本"工具**A**,然后在希望添加文本的绘图区域拖动指针,在"文本工具"下"文本"选项卡的"字体"组中单击字体、大小和样式设置需要的字体,如图 2-36 所示。在"颜色"组中,单击"颜色 1",然后单击用于文本的颜色设置文本颜色。最后在拖动出的文本区域中输入要添加的文本。

图 2-36 "文本工具"下"文本"选项卡

如果希望填充文本区域的背景,则在"背景"组中,单击"半透明"。在"颜色"组中,单击"颜色 2",然后单击用于文本区域的背景色。如果要更改文本框中一些文本的外观,则选择要更改的文本,然后选择新的字体、大小和样式,或为选定的文本选择颜色。

(6) 选择并编辑对象

1) 选择工具。在使用"画图"程序中,用户可能希望对图片或对象的某一部分进行更改。为此,用户需要选择图片中要更改的部分,然后进行编辑。用户可以进行的一些更改包括调整对象大小、移动或复制对象、旋转对象或裁剪图片使之只显示选定的项。

使用"选择"工具▆可以选择图片中要更改的部分,具体操作步骤如下:

① 在"主页"选项卡的"图片"组中,单击"选择"下面的向下箭头。

② 根据希望选择的内容执行以下操作之一:

➤ 若要选择图片中的任何正方形或矩形部分,则单击"矩形选择",然后拖动指针以选择图片中要编辑的部分。

➤ 若要选择图片中任何不规则的形状部分,则单击"自由图形选择",然后拖动指针以选择图片中要编辑的部分。

➤ 若要选择整个图片,则单击"全选"。

➤ 若要选择图片中除当前选定区域之外的所有内容,则单击"反向选择"。

➤ 若要删除选定的对象,则单击"删除"。

③ 执行以下操作,确定"颜色 2(背景)"颜色是否已包含在选择中:

若要在选择中包含背景色,则请清除"透明选择"。粘贴所选内容时,会同时粘贴背景色,并且填充颜色将显示在粘贴的项目中。

若要使选择内容变为透明以便在选择中不包含背景色,则单击"透明选择"。粘贴所选内容时,任何使用当前背景色的区域都将变成透明色,从而允许图片中的其余部分正常显示。

2) 裁剪。使用"剪切"工具 可剪切图片,使图片中只显示所选择的部分。"剪切"功能可用于更改图片,以便只有选定的对象或人可见,具体操作步骤如下:

① 在"主页"选项卡的"图像"组中,单击"选择"下面的箭头,然后单击需要的选择类型。

② 拖动指针以选择图片中要显示的部分。

③ 在"图像"组中,单击"剪切"。若要将剪切后的图片另存为新文件,则单击"画图"按钮，指向"另存为",然后单击当前图片的文件类型。

④ 在"文件名"文本框中,输入新文件名,然后单击"保存"按钮。

需要注意的是,将剪切后的图像另存为新图片文件可防止覆盖原始图片文件。

3) 旋转。使用"旋转"工具 可旋转整个图片或图片中的选定部分。根据要旋转的对象,执行下列操作之一:

> 若要旋转整个图片,则在"主页"选项卡的"图像"组中单击"旋转",然后单击"旋转方向"。

> 若要旋转图片的某个对象或某部分,则在"主页"选项卡的"图像"组中单击"选择"。拖动指针选择要旋转的区域或对象,单击"旋转",然后单击"旋转方向"。

4) 擦除图片中的某部分。使用"橡皮擦"工具 可以擦除图片中的区域,操作方法如下:

在"主页"选项卡的"工具"组中,单击"橡皮擦"工具 。单击"尺寸",接着单击选择橡皮擦尺寸,然后将橡皮擦拖过图片中要擦除的区域。所擦除的所有区域都将显示背景色(颜色 2)。

(7) 调整整个图片或图片中某部分的大小

使用"调整大小" 功能可调整整个图像、图片中某个对象或某部分的大小,用户还可以扭曲图片中的某个对象,使之看起来呈倾斜状态。

1) 调整整个图片大小。具体操作步骤如下:

① 在"主页"选项卡的"图像"组中,单击"调整大小"。

② 在"调整大小和扭曲"对话框中,选中"保持纵横比"复选框,以便调整大小后的图片将保持与原来相同的纵横比。

③ 在"调整大小"选项组中,单击"像素",然后在"水平"文本框中输入新宽度值或在"垂直"文本框中输入新高度值。单击"确定"按钮。如果选中了"保持纵横比"复选框,则只需输入水平值(宽度)或垂直值(高度),"调整大小"选项组中的其他设置会自动更新。

2) 调整图像中某部分的大小。具体操作步骤如下:

① 在"主页"选项卡中,单击"选择",然后拖动指针以选择要调整大小的区域或对象。

② 在"主页"选项卡的"图像"组中,单击"调整大小"。

③ 在"调整大小和扭曲"对话框中,选中"保持纵横比"复选框,以便调整大小后的部分将保持与原来相同的纵横比。

④ 在"调整大小"选项组中,单击"像素",然后在"水平"文本框中输入新宽度值或在"垂直"框中输入新高度值。单击"确定"按钮。如果选中了"保持纵横比"复选框,则只需输入水平值(宽度)或垂直值(高度)。"调整大小"选项组中的其他设置会自动更新。

3) 更改绘图区域大小。根据要调整绘图区域大小的方式,执行以下操作之一:

➢ 若要使绘图区域变得大些,则将绘图区域边缘上其中一个白色小框拖到所需的尺寸。

➢ 若要通过输入特定尺寸来调整绘图区域大小,则单击"画图"按钮 ，然后单击"属性"。在"宽度"和"高度"文本框中,输入新的宽度和高度值,然后单击"确定"按钮。

4)扭曲对象。具体方法如下:

① 在"主页"选项卡中,单击"选择",然后拖动指针以选择要调整大小的区域或对象,再单击"调整大小"。

② 在"调整大小和扭曲"对话框中,在"倾斜(角度)"选项组的"水平"和"垂直"文本框中输入选定区域的扭曲量(度),然后单击"确定"按钮。

(8)处理颜色

有很多工具专门帮助用户处理"画图"中的颜色。这些工具允许用户在"画图"中绘制和编辑内容时使用期望的颜色。

1)颜料盒。"颜料盒"指当前的"颜色 1(前景色)"和"颜色 2(背景色)"颜色。颜料盒的使用方式取决于用户在"画图"中所进行的操作。

使用颜料盒时,可以进行下列一项或多项操作:

➢ 若要更改选定的前景色,则在"主页"选项卡的"颜色"组中,单击"颜色 1",然后单击某个色块。

➢ 若要更改选定的背景色,则在"主页"选项卡的"颜色"组中,单击"颜色 2",然后单击某个色块。

➢ 若要用选定的前景颜色绘图,则拖动指针。

➢ 若要用选定的背景颜色绘图,则在拖动指针时右击。

2)颜色选取器。使用"颜色选取器"工具 可以设置当前的前景色或背景色。通过从图片中选取某种颜色,可以确保在"画图"中绘图时使用所需的颜色,以使颜色匹配,具体操作如下:

① 在"主页"选项卡的"工具"组中,单击"颜色选取器" 。

② 单击图片中要设置为前景色的颜色,或者右击图片中要设置为背景色的颜色。

3)用颜色填充。使用"用颜色填充"工具 可为整个图片或封闭图形填充颜色,具体步骤如下:

① 在"主页"选项卡的"工具"组中,单击"用颜色填充" 。

② 在"颜色"组中,单击"颜色 1",然后依次单击选择某种颜色,以及要填充该颜色的区域内部。

若要删除颜色并将其替换为背景色,则单击"颜色 2",再单击某一种颜色,然后用鼠标右击要填充该颜色的区域。

4)编辑颜色。使用"编辑颜色" 功能可以选取新颜色。在"画图"中混合颜色以便选择要使用的确切颜色,具体方法如下:

在"主页"选项卡的"颜色"组中,单击"编辑颜色"。然后在"编辑颜色"对话框中,单击调色板中的某种颜色,再单击"确定"按钮。所选择的颜色将显示在其中一个颜色框中,以便在"画图"中使用该颜色。

(9)查看图片

在"画图"中更改视图时,允许用户选择处理图片的方式。可以根据需要放大图片的特定部分或整个图片；相反，如果图片太大，也可以缩小图片。此外，用户还可以在"画图"工作时显示标尺和网格线，它们有助于用户更好地在"画图"中工作。

1）放大镜。使用"放大镜"工具🔍可以放大图片的某一部分，具体操作如下：

在"主页"选项卡的"工具"组中，单击"放大镜"🔍，移动放大镜，然后单击方块中显示的图像部分将其放大。拖动窗口底部和右侧的水平和垂直滚动栏可在图片中来回移动。若要减小缩放级别，则再次右击放大镜。

2）放大和缩小。使用"放大"和"缩小"工具可查看图像的较大或较小视图。例如，用户可能要编辑图像的一小部分，因而需要放大这部分内容以便能够看清。或者情况相反，用户的图片因太大而无法在屏幕上显示，因此需要缩小以便能够看到整个图片。

在"画图"中，有几种不同的方法可用于放大或缩小图像，具体取决于用户想执行的操作。

➢ 若要增加缩放级别，则在"视图"选项卡的"缩放"组中，单击"放大"。

➢ 若要减小缩放级别，则在"视图"选项卡的"缩放"组中，单击"缩小"。

➢ 若要在"画图"窗口中按实际尺寸查看图片，则在"视图"选项卡的"缩放"组中，单击 100％。

（10）技　巧

若要放大和缩小图片，则可以单击位于"画图"窗口底部缩放滑块上的"放大"⊕或"缩小"⊖按钮，以增大或减小缩放级别。

1）标尺。使用"标尺"可查看位于绘图区域顶部的水平标尺和位于绘图区域左侧的垂直标尺。使用标尺可以查看图片的尺寸，在调整图片大小时此功能会很有帮助。

➢ 若要显示标尺，则在"视图"选项卡的"显示或隐藏"组中选中"标尺"复选框。

➢ 若要隐藏标尺，则清除"标尺"复选框。

2）网格线。在"画图"中绘图时使用"网格线"来对齐形状和线条。网格线能够在用户绘图时帮助提供对象尺寸的可视参考，还能够帮助对齐对象，因而很有用。

➢ 若要显示网格线，则在"视图"选项卡的"显示或隐藏"组中选中"网格线"复选框。

➢ 若要隐藏网格线，则清除"网格线"复选框。

3）全屏。使用"全屏"↗可以全屏方式查看图片。

➢ 若要在整个屏幕上查看图片，则在"视图"选项卡的"显示"组中单击"全屏"。

➢ 若要退出全屏或返回到"画图"窗口，则单击显示的图片。

2. 写字板

"写字板"是一个使用简单、功能强大的文字处理程序。用户可以利用它进行日常工作中的文件编辑。它不仅能进行中英文文档的编辑，还可以图文混排，插入图片、声音、视频剪辑等多媒体资料。

（1）认识"写字板"

在桌面上选择"开始"|"所有程序"|"附件"|"写字板"命令，即进入"写字板"窗口，如图 2 - 37 所示。

从图中可以看到，"写字板"窗口由标题栏、菜单栏、工具栏、格式栏、水平标尺、工作区和状态栏几部分组成。

（2）创建、打开和保存文档

当用户需要新建一个文档时，可以单击"写字板"按钮 ▣▾，然后选择"新建"命令。

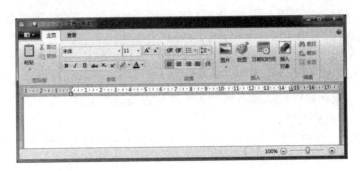

图 2 - 37 "写字板"窗口

当用户需要打开一个文档时,可以单击"写字板"按钮 ▉▼ ,然后选择"打开"命令,系统会弹出"打开"对话框供用户选择需要打开的文件。

当用户需要保存一个文档时,可以单击"写字板"按钮 ▉▼ ,然后选择"保存"命令,系统会弹出"保存为"对话框供用户选择保存路径、名称和格式。"写字板"默认的保存格式为 RTF 格式,也可保存为 Open Office XML 文档、Open Document 文档、文本文档、文本文档- MS - DOS 格式和 Unicode 文本文档等五种格式。

当用户需要用新名称或格式保存一个文档时,可以单击"写字板"按钮 ▉▼ ,然后选择"另存为"命令,最后从子菜单中选择文档要保存的格式。

(3) 编排文档格式

格式是指文档中文本的显示方式和排列方式。可以使用位于标题栏下方的功能区轻松地更改文档格式。例如,可以选择不同的字体和字体大小,几乎可以使文本变为希望的任何颜色,还可以方便地更改文档的对齐方式。

① 更改文档的显示方式。选择要更改的文本,然后使用"字体"组中"主页"选项卡上的按钮。有关每个按钮功能的详细信息,可以悬停在按钮上查看描述。

② 更改文档的对齐方式。选择要更改的文本,然后使用"段落"组中"主页"选项卡上的按钮。有关每个按钮功能的详细信息,可以悬停在按钮上查看描述。

(4) 将日期和图片插入文档

① 插入当前日期。在"主页"选项卡的"插入"组中,单击"日期和时间"。单击所需的格式,然后单击"确定"按钮。

② 插入图片。在"主页"选项卡的"插入"组中,单击"图片"。找到要插入的图片,然后单击"打开"按钮。

③ 插入图画。在"主页"选项卡的"插入"组中,单击"绘图"。创建要插入的图画,然后关闭"画图"窗口。

3. 记事本

"记事本"是一个基本的文本编辑程序,常用于查看或编辑文本文件。文本文件是通常由 .txt 文件扩展名标识的文件类型。

用户可以选择"开始"|"所有程序"|"附件"|"记事本"命令来启动"记事本",其窗口如图 2 - 38 所示。有关"记事本"的一些操作基本和"写字板"一样,在这里不再赘述,用户可参照上节关于"写字板"的介绍来使用。为了适应不同用户的阅读习惯,在"记事本"中可以改变文

字的阅读顺序,在工作区域右击,弹出快捷菜单,单击"从右到左的阅读顺序",则全文的内容都移到了工作区的右侧。

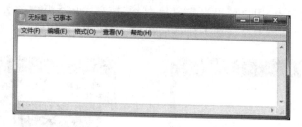

图 2 - 38　"记事本"窗口

在"记事本"中,用户可以使用不同的语言格式创建文档,而且可以用不同的格式打开或保存文件。当用户使用不同的字符集工作时,程序将默认保存为标准的 ANSI(美国国家标准学会)文档。用户可以用不同的编码类型进行文档的保存或打开,如 ANSI、Unicode、big - endian Unicode 或 UTF - 8 等。

4．命令提示符

"命令提示符"也就是 Windows 95/98 下的"MS - DOS 方式"。虽然随着计算机产业的发展,Windows 操作系统的应用越来越广泛,DOS 操作系统面临着被淘汰的命运,但是由于它运行安全、稳定,所以仍有不少用户使用它。一般 Windows 操作系统的各种版本都与其兼容,用户可以在 Windows 系统下运行 DOS。中文版 Windows 7 中的"命令提示符"进一步提高了与DOS 操作命令的兼容性,用户可以在命令提示符下直接输入中文调用文件。

(1)进入"命令提示符"

选择"开始"|"程序"|"附件"|"命令提示符"命令,或者选择"开始"|"运行",并在"运行"对话框中输入 cmd,即可启动 DOS。系统默认的当前位置是 C 盘下的"我的文档"。图 2 - 39 所示为"命令提示符"窗口。

图 2 - 39　"命令提示符"窗口

在工作区域内右击,会出现一个编辑快捷菜单,用户可以先选择对象,然后进行复制、粘贴、查找等编辑工作。

(2)设置"命令提示符"的属性

在"命令提示符"中,默认的是白字黑底显示,用户可以通过"属性"来改变其显示方式、字体字号等一些属性。在"命令提示符"的标题栏上右击,在弹出的快捷菜单中选择"属性"命令,这时进入"命令提示符属性"对话框。

➢ 在"选项"选项卡中,用户可以改变光标的大小,在"命令记录"选项组中可以改变缓冲区的大小和数量,如图 2 - 40 所示。

> 在"字体"选项卡中,为用户提供了"点阵字体"和"新宋体"两种字体,用户还可以选择不同的字号。
> 在"布局"选项卡中,用户可以自定义屏幕缓冲区大小及窗口的大小,在"窗口位置"选项组中,显示了窗口在显示器上所处的位置,如图2-41所示。

图2-40 "选项"选项卡

图2-41 "布局"选项卡

> 在"颜色"选项卡中,用户可以自定义屏幕文字、背景以及弹出窗口文字、背景的颜色。用户可以选择所列出的小色块,也可以在"选定的颜色值"选项组中输入精确的RGL值来确定颜色,如图2-42所示。

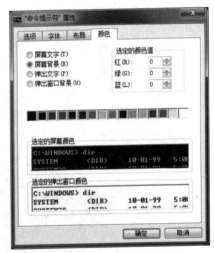

图2-42 "颜色"选项卡

5. 计算器

"计算器"能够帮助用户完成数据的运算,分为"标准计算器"和"科学计算器"两种模式。"标准计算器"用以完成日常工作中简单的算术运算;"科学计算器"用以完成较为复杂的科学运算,如函数运算等。运算的结果不能直接保存,而是存储在内存中,以供粘贴到别的应用程序和其他文档中。它的使用方法与日常生活中所使用的计算器的方法一样,可以通过单击"计算器"上的按钮来取值,也可以通过键盘输入来操作。

(1)标准计算器

选择"开始"|"所有程序"|"附件"|"计算器"命令,打开"计算器"窗口,系统默认为"标准计算器",如图2-43所示。"计算器"窗口包括标题栏、菜单栏、数字显示区和工作区几部分。工作区由数字按钮、运算符按钮、存储按钮和操作按钮组成。用户使用时先输入所要运算的算式的第一个操作数,在数字显示区内会显示相应的数,然后选择运算符,再输入第二个操作数,最后单击"="按钮,即可得到运算后数值。在键盘上输入时,也是按照同样的方法,最后按Enter键即可得到运算结果。

当用户在进行数值输入过程中出现错误时,可以单击 Backspace 键逐个进行删除。当需要全部清除时,可以单击"CE"按钮。当一次运算完成后,单击"C"按钮即可清除当前的运算结果,再次输入时才开始新的运算。"计算器"的运算结果可以导入到别的应用程序中,用户可以选择"编辑"|"复制"命令把运算结果粘贴到别处,也可以从别的地方复制好运算算式后,选择"编辑"|"粘贴"命令,在"计算器"中进行运算。

（2）"计算器"的其他模式

Windows 7 的"计算器"设计了全新的外观,并增加了新功能,包括全新的"程序员"模式和"统计"模式。单位换算可以将摄氏度转换为华氏度,将盎司转换为克,将焦耳转换为英国热量单位等,还提供简单易用的计算模板,帮助用户有效计算。

当用户从事专业的科研工作时,会经常碰到较为复杂的科学运算,这时可以选择"查看"|"科学型"命令,将弹出"科学计算器"窗口,如图 2－44 所示。

图 2－43　"计算器"窗口的"标准
计算器"界面

图 2－44　"计算器"窗口的"科学计算器"界面

此窗口增加了数制选项、单位选项及一些函数运算符号。系统默认的是十进制,当用户改变其数制时,单位选项、数字区、运算符区的可选项将发生相应的变化。用户在工作过程中,也许需要进行数制的转换,这时可以直接在数字显示区输入所要转换的数值,然后选择所需要的数制,在数字显示区就会出现转换后的结果。另外,"科学计算器"可以进行一些函数的运算,使用时要先确定运算的单位,在数字区输入数值,然后选择函数运算符,再单击"＝"按钮,即可得到结果。

例如:计算表达式 $2+3(\sin^2 45°+5!)$ 的值。

在"科学计算器"里,先后单击"（""45""sin""x^2""＋""5""n!""）""*""3""＋""2""＝",即可得到该表达式计算结果为 363.5。

除了科学计算以外还有单位转换、日期计算和工作表等功能,如图 2－45 所示。

2.2.10　Windows 7 的联机帮助

中文版 Windows 7 提供了功能强大的帮助系统。当用户在使用计算机的过程中遇到了疑难问题无法解决时,可以在帮助系统中寻找解决问题的方法。帮助系统不但有关于 Windows 7 操作与应用的详尽说明,而且可以在其中直接完成对系统的操作,比如使用系统还原

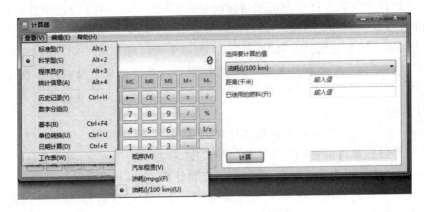

图 2-45 "计算器"窗口的功能列表

工具撤销用户对计算机的有害更改。不仅如此,基于 Web 的帮助还能使用户从互联网上享受 Microsoft 公司的在线服务。

1. 了解"Windows 帮助和支持"窗口

当用户在"开始"菜单中选择"帮助和支持"命令后,即可打开"Windows 帮助和支持"窗口,如图 2-46 所示。如果用户的计算机已连接到 Internet,则可以获取最新的帮助内容。用户可以将 Windows 帮助和支持设置为"联机帮助"。"联机帮助"包括新主题和现有主题的最新版本。具体设置方法如下:在 Windows 帮助和支持的工具栏上,单击"选项",然后单击"设置"按钮。在弹出的"帮助设置"对话框中"搜索结果"下,选中"使用联机帮助改进搜索结果(推荐)"复选框,然后单击"确定"按钮。当连接到网络时,"Windows 帮助和支持"窗口的右下角将显示"联机帮助"一词。

2. 搜索帮助

获得帮助的最快方法是在搜索框中输

图 2-46 "Windows 帮助和支持"窗口

入一个或两个词。例如,若要获得有关无线网络的信息,则输入"无线网络",然后按 Enter 键,将出现结果列表,其中最有用的结果显示在顶部。单击其中一个结果以阅读主题。

3. 浏览帮助

用户可以按主题浏览帮助主题。单击"浏览帮助"按钮,然后单击出现的主题标题列表中的项目。主题标题可以包含帮助主题或其他主题标题。单击帮助主题将其打开,或单击其他标题更加细化主题列表。

几乎每个程序都包含自己的内置帮助系统。打开程序帮助系统的方法:在程序的"帮助"

菜单上,单击列表中的第一项,如"查看帮助""帮助主题"或类似短语或单击"帮助"按钮即可查看到帮助信息,还可以通过按 F1 键访问帮助,在几乎所有程序中,此功能键都能打开"帮助"。

除特定于程序的帮助以外,有些对话框和窗口还包含有关其特定功能的帮助主题的链接。如果看到圆形或正方形内有一个问号,或者带下画线的彩色文本链接,则单击它可以打开帮助主题。

思考与练习

一、判断题

1. Windows 7 不允许对硬盘进行格式化。(　　)

2. 在 Windows 7 中,用户可以利用"任务栏"进行桌面图标的排列。(　　)

3. 要将整个桌面的内容存入剪贴板,应按 Ctrl+PrintScreen 组合键。(　　)

4. 在 Windows 7 中,所有菜单只能通过鼠标才能打开。(　　)

5. 在 Windows 7 中,"资源管理器"可以对系统资源进行管理。(　　)

6. 在 Windows 7 中,利用"控制面板"窗口中的"安装新硬件"向导工具,可以安装新硬件。(　　)

7. Windows 7 的窗口是不可改变大小的。(　　)

8. 在 Windows 7 中,按 Shift+空格组合键可以进行全角或半角的切换。(　　)

9. 当一个应用程序窗口被最小化后,该应用程序被终止运行。(　　)

10. 在 Windows 7 中,按 Shift+空格组合键可以启动或关闭中文输入法。(　　)

11. 在"资源管理器"窗口中,有的文件夹前面带一个加号,它表示的意思是该文件夹中含有文件或文件夹。(　　)

12. 在 Windows 7 中,被删除的文件或文件夹可以被放进"回收站"中。(　　)

13. 在 Windows 7 中,若在某一文档中连续进行了多次剪切操作,则关闭该文档后"剪贴板"中存放的是所有剪切过的内容。(　　)

14. 在 Windows 7 中,要将整个屏幕的内容存入剪贴板应按 PrintScreen 键。(　　)

15. Windows 7 剪贴板中的内容不能是文件。(　　)

二、单项选择题

1. 在 Windows 7 的"资源管理器"窗口中,以下方法中不能新建文件夹的是(　　)。
   A. 执行"文件|新建|文件夹"命令　　　　B. 从快捷菜单选择"新建|文件夹"命令
   C. 执行"组织|布局|新建"命令　　　　　D. 单击"新建文件夹"按钮

2. 在 Windows 7 中,选择全部文件夹或文件的快捷键是(　　)。
   A. Shift+A　　　　B. Ctrl+A　　　　C. Shift+S　　　　D. Ctrl+S

3. 在 Windows 7 的"资源管理器"窗口中,利用导航窗格可以快捷地在不同的位置之间进行浏览,但该窗格一般不包括(　　)部分。
   A. 收藏夹　　　　B. 库　　　　　　C. 计算机　　　　D. 网上邻居

4. 在"我的计算机"或"资源管理器"窗口中,要选定一个文件或文件夹,应(　　)。
   A. 单击该文件夹或文件名称　　　　　B. 右击该文件夹或文件图标
   C. 双击该文件夹或文件名称　　　　　D. 双击该文件夹或文件图标

5. 在"资源管理器"窗口中,若要选定多个不连续的文件或文件夹,则需按(　　)键的同时单击。

　　A. Tab　　　　　　B. Shift　　　　　　C. Alt　　　　　　D. Ctrl

6. 在 Windows 7 中,"取消"按钮表示(　　)。

　　A. 什么都不做　　　　　　　　　　B. 放弃当前的选择或操作

　　C. 继续做　　　　　　　　　　　　D. 退出

7. 在 Windows 7 中,执行了删除文件或文件夹操作后(　　)。

　　A. 该文件或文件夹被彻底删除不能恢复

　　B. 该文件或文件夹可以送入回收站,以便恢复

　　C. 该文件或文件夹送入回收站,不可以恢复

　　D. 该文件或文件夹被送入 TEMP 文件夹

8. 在选定文件或文件夹后,不将文件或文件夹放到"回收站"中,而直接删除的操作是(　　)。

　　A. 按 Delete 键

　　B. 用鼠标直接将文件或文件夹拖放到"回收站"中

　　C. 按 Shift＋Delete 组合键

　　D. 选择"我的电脑"或"资源管理器"窗口中"文件"菜单中的删除命令

9. 在 Windows 7 中能更改文件名操作的是(　　)。

　　A. 单击文件名,然后选择"重命名"输入新文件名后按 Enter 键

　　B. 右击文件名,然后选择"重命名"输入新文件名后按 Enter 键

　　C. 双击文件名,然后选择"重命名"输入新文件名后按 Enter 键

　　D. 右击双击文件名,然后选择"重命名"输入新文件名后按 Enter 键

10. 在 Windows 7 中,关于"开始"菜单叙述不正确的是(　　)。

　　A. 单击"开始"按钮,可以启动"开始"菜单

　　B. 用户想做的任何事都可以启动"开始"菜单

　　C. 可在"开始"菜单中增加菜单项,但不能删除菜单项

　　D. "开始"菜单包括关闭系统、帮助、程序、设置等菜单项

11. 在 Windows 7 环境中,主要有三种鼠标操作方式,即单击、双击和(　　)。

　　A. 连续交替按下左、右键　　　　　B. 拖放

　　C. 连击　　　　　　　　　　　　　D. 与键盘配合使用

12. 在 Windows 7 中右击某对象时,会弹出(　　)菜单。

　　A. 控制　　　　B. 快捷　　　　C. 应用程序　　　　D. 窗口

13. 关于删除文件夹操作,正确的是(　　)。

　　A. 可以通过在文件或文件夹下双击右键来完成删除操作

　　B. 一次只能删除一个文件或文件夹

　　C. 只有当文件夹为空时,才能被删除

　　D. 删除一个文件夹,其中的文件及下属的文件夹也被删除

14. 在 Windows 7 中,要安装一个应用程序,正确的操作应该是(　　)。

　　A. 打开"资源管理器"窗口,使用鼠标拖动操作

B. 打开"控制面板"窗口,双击"添加/删除程序"图标

C. 打开"MS‐DOS"窗口,使用 copy 命令

D. 打开"开始"菜单,选中"运行"项,在弹出的"运行"对话框中使用 copy 命令

15. "剪切"命令用于删除文本和图形,并将删除的文本或图形放置到(　　)。

    A. 硬盘上　　　　B. 软盘上　　　　C. 剪贴板上　　　　D. 文档上

16. 在 Windows 7 环境中,对磁盘文件进行有效管理的工具是(　　)。

    A. 写字板　　　　　　　　　　　B. 文档

    C. 文件管理器　　　　　　　　　D. 资源管理器或我的电脑

17. 控制面板是 Windows 为用户提供的一种用来调整(　　)的应用程序,它可以调整各种硬件和软件的任选项。

    A. 分组窗口　　　　B. 文件　　　　C. 程序　　　　　　D. 系统配置

18. 在任何时候想得到关于当前打开菜单或对话框内容的帮助信息,可以(　　)。

    A. 按 F1 键　　　　　　　　　　B. 按 F2 键

    C. 使用菜单帮助　　　　　　　　D. 单击工具栏中的"帮助"按钮

19. 在 Windows 7 中,剪贴板是(　　)。

    A. 硬盘上某个区域　　　　　　　B. 软盘上的一块区域

    C. 内存中的一块区域　　　　　　D. Cache 中一块区域

20. 在 Windows 7 中,按键盘上的 Windows 徽标键将(　　)。

    A. 打开选定文件　　　　　　　　B. 关闭当前运行程序

    C. 显示系统属性　　　　　　　　D. 显示开始菜单

三、多项选择题

1. 第三代计算机的软件中出现了(　　)。

    A. 机器语言　　　B. 高级语言　　　C. 操作系统　　　　D. 汇编语言

2. 在计算机中,1 字节可表示(　　)。

    A. 两位十六进制数　　　　　　　B. 四位十进制数

    C. 一个 ASCII 码　　　　　　　　D. 256 种状态

3. 计算机内存包括(　　)。

    A. 只读存储器　　　B. 硬盘　　　　C. U 盘　　　　　D. 随机存储器

4. 在计算机中采用二进制的主要原因是(　　)。

    A. 两个状态的系统容易实现,成本低　　B. 运算法则简单

    C. 十进制无法在计算机中实现　　　　　D. 可进行逻辑运算

5. 当发现 U 盘上某个程序已感染病毒时,应当(　　)。

    A. 使用公安部下发的防病毒软件,消除 U 盘上的病毒

    B. 此 U 盘不可再使用,应报废

    C. 可继续运行 U 盘上其他程序

    D. 重新格式化此 U 盘,并装入未感染病毒的文件继续使用

6. 断电后仍能保存信息的存储器为(　　)。

    A. CD‐ROM　　　B. RAM　　　　C. ROM　　　　　D. 硬盘

7. 下列软件中哪些是"系统软件"(　　)。

A. 编译程序   B. 操作系统的各种管理程序

C. 用 BASIC 语言编写的计算程序   D. 用 C 语言编写的 CAI 课件

8. 在微型计算机系统中,可用作数据输入设备的有(   )。

A. 键盘   B. 磁盘驱动器   C. 显示器   D. 打印机

9. 下列说法正确的有(   )。

A. 硬盘只有一个根目录,而 U 盘可以有多个根目录

B. 硬盘可以有多个根目录,而 U 盘只能有一个根目录

C. 硬盘、U 盘都只能有一个根目录

D. 硬盘、U 盘都只能有一个根目录,但可有多个子目录

10. 以下关于 ASCII 码的论述中,正确的有(   )。

A. ASCII 码中的字符全部都可以在屏幕上显示

B. ASCII 码基本字符集由 7 个二进制数码组成

C. 用 ASCII 码可以表示汉字

D. ASCII 码基本字符集包括 128 个字符

11. 笔记本电脑的特点是(   )。

A. 质量轻   B. 体积小   C. 体积大   D. 便于携带

12. 在下列设备中,只能进行读操作的设备是(   )。

A. RAM   B. ROM   C. 硬盘   D. CD - ROM

13. 与内存相比,外存的主要优点是(   )。

A. 存储容量大   B. 信息可长期保存

C. 存储单位信息的价格便宜   D. 存取速度快

14. 能够直接与外存交换数据的是(   )。

A. 控制器   B. RAM   C. 键盘   D. 运算器

四、填空题

1. 计算机辅助制造的英文缩写是_____(请填英文大写字母)。

2. 在计算机中,数据信息是从_____ 读取至运算器。

3. 指令的_____集合叫作程序。

4. 只读存储器简称_____。

实践训练一　Windows 7 安装

在一台计算机上分别进行 Windows 7 的完全安装、升级安装和替换安装。

实践训练二　文件及文件夹的操作

1. 在"D:\"下,新建一个名为你的学号的文件夹,将此文件夹的属性改为"只读"。

2. 将"任务栏"拖拽到桌面的右边沿,最后拖回到下边沿。

3. 启动 Windows"资源管理器",显示 C 盘内容,以"详细资料"方式显示文件和文件夹。

4. 在桌面上建立"画图"程序的快捷方式。

5. 在 C 盘中搜索第一个字母为 e 的所有文件,并将它们存放在一个以你的名字命名的文件夹中。

6. 在 C 盘中搜索扩展名为".dll"的所有文件,复制到以你的名字命名的文件夹中。

7. 查看 C 盘可用空间等有关情况,并修改卷标为"系统"。

8. 在"D:\"下,新建一个以自己学号为名的文件夹,在"考生"文件夹下,建立文件夹 TW2 和 TA2,并将 D 盘下所有文件扩展名为".doc"的文件复制到文件夹 TW2 中和所有 Access 应用程序(＊.mdb)复制到文件夹 TA2 中。

实践训练三　操作系统使用

1. 在刚才新建的文件夹中(你的学号)为"控制面板"中的"系统"建立一个快捷方式。

2. 设置屏幕保护程序为"气泡",等待时间为 2 min。

3. 将回收站在每个硬盘上的空间百分比设为 12%。

4. 把计算机总音量输出设为最大,将 Microphone 音量设为静音。

5. "任务栏"的设置:设置任务栏可以被打开的程序或窗口遮挡;自动隐藏任务栏;取消时钟的显示。

6. "开始"菜单的设置:向"开始"菜单中添加"注销"及"收藏夹"菜单;删除"开始"菜单中的"QQ 游戏"或其他不常用的菜单;整理"程序"菜单,把所有播放音频、视频的软件放在名为"播放器"的菜单中的下一级。

7. 桌面图标的排列:试按名称、类型、大小、日期及自动排列,比较排列之后的不同。

8. 用磁盘扫描程序扫描 C 盘。

9. 用磁盘碎片整理程序整理整个硬盘的碎片。

10. 打开"画图"程序,将图像的大小设为宽 200 像素、高 150 像素;绘制一面红旗,旗面书写文字"五星红旗",字体设为"行楷",字号为"二号",字色为"黄色",保存到"考生文件夹"中,命名为"JSJcst1"。

11. 先安装最新版的 QQ 拼音输入法,然后将它删除。

第 3 章　文字处理软件 Word 2010

☞**学习目标：**

◆ 掌握文档的创建和保存。

◆ 掌握文档中对象的插入和编辑。

◆ 掌握文档的页面设置、页眉和页脚的设置以及打印的设置。

◆ 熟练应用 Word 文档的基本编辑和格式化。

◆ 熟练应用 Word 文档中表格的创建和编辑。

◆ 熟练应用 Word 文档中的常用工具。

3.1　Word 2010 概述

Word 2010 是 Microsoft 公司开发的 Office 2010 办公组件之一，主要用于文字处理工作，主要工作在 Windows 7 环境之下，是全世界最流行的文字处理软件。它集文字处理（排版）、表格处理、图形处理等众多功能于一体，具有方便的图文混排功能。

3.1.1　Word 2010 的主要新增功能

在继承了之前版本的优秀功能的基础上，Word 2010 新增了一些更加人性化的功能，改进了用来创建专业品质文档的功能，为协同办公提供了更加简便的途径，使更丰富精彩的 Word 文档呈现在用户的面前。下面具体介绍 Word 2010 中的新特性。

1. 增强了导航窗格

Word 2010 对导航窗格进行了进一步的增强，使之具有了标题样式判断、即时搜索的功能。

2. 屏幕截图

以往用户需要在 Word 中插入屏幕截图时，都需要安装专门的截图软件，或者使用键盘上的 PrintScreen 键来完成，Word 2010 内置了屏幕截图功能，并可将截图即时插入到文档中，省去了安装截图工具的麻烦。

3. 背景移除

Word 2010 新增了背景移除功能，在 Word 中加入图片以后，用户还可以进行简单的抠图操作，而无须再使用 Photoshop 等专业的图形工具进行操作。

4. 屏幕取词

当用户用 Word 处理文档的过程中遇到不认识的英文单词时，大概首先会想到使用词典来查询；其实 Word 中就有自带的文档翻译功能，而在 Word 2010 中除了以往的文档翻译、选词翻译和英语助手之外，还加入了一个"翻译屏幕提示"的功能，可以像电子词典一样进行屏幕取词翻译。

5. 文字视觉效果

在 Word 2010 中,用户可以为文字添加图片特效,如阴影、凹凸、发光及反射等,还可以对文字应用格式,从而让文字完全融入图片中。

6. 图片艺术效果

Word 2010 新增了图片编辑工具,无需其他的照片编辑软件,即可插入、剪裁和添加图片特效,用户也可以更改颜色、饱和度、色调、亮度及对比度,轻松、快速地将简单的文档转换为艺术作品。

7. SmartArt 图表

SmartArt 是 Office 2007 引入的一个非常实用的功能,可以轻松地制作出精美的业务流程图,而 Office 2010 在现有的类别中新增了大量模板,还新添了多个新类别,提供更丰富多彩的各种图表绘制功能;利用 Word 2010 提供的更多选项,用户可以将视觉效果添加到文档中,可以从新增的 SmartArt 图形中选择,在数分钟内构建令人印象深刻的图表。SmartArt 中的图形功能同样也可以将已经列出的文本转换为引人注目的视觉图形,以便更好地展示用户的创意。

8. 创建 PDF 文件

在 Word 2007 中,将文档转换为 PDF 格式需要安装 Microsoft save as PDF 加载项后才能实现。而在 Word 2010 中不需要这么复杂,用户可以直接将 Word 文档另存为 PDF 文件。

9. 使用 OpenType 功能微调文本

Word 2010 提供了对高级文本格式设置功能的支持,包括一系列连字设置以及样式集和数字形式选择。用户可以与许多 OpenType 字体配合使用这些新增功能,以便为录入文本增添更多光彩。

3.1.2　Word 2010 的主窗口

Word 2010 的主窗口主要由标题栏、"文件"按钮、选项卡、功能区、标尺和状态栏等部分组成,如图 3-1 所示。

1. 标题栏

标题栏位于窗口的最上方,它显示当前正在编辑的文档的文件名,以及 Microsoft Word 应用程序名。

2. "文件"按钮

"文件"按钮在整个窗口的左上角。单击"文件"按钮后会弹出保存、另存为、打开、关闭、信息、最近所用文件、新建、打印、保存并发送、帮助等常用的选项,如图 3-2 所示。

打开"信息"选项后,用户可以进行权限设置、准备共享、版本管理以及属性设置等操作。

"最近"选项,右侧会列出用户最近使用过的 Word 文档列表和文件夹,可通过此功能快速地打开最近使用过的 Word 文档或文件夹。在列出的每个 Word 文档或文件夹名称右侧含有一个图钉按钮,可以将相应的 Word 文档或文件夹固定在列表中而不被后续名称替换。

"新建"选项,可以新建空白文档、博客文章、书法字帖等内置文档类型。同时,可以通过

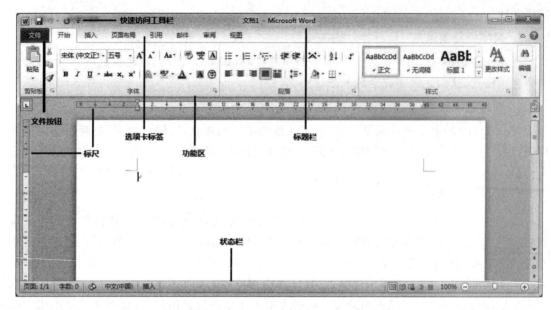

图 3-1 Word 2010 的主窗口

图 3-2 "文件"按钮菜单项

office.com 提供的模板方便地新建相应的类型文档。

"打印"选项,可以设置打印机属性、打印参数以及页面设置等参数。

"保存并发送"选项,用户可以在面板中将 Word 2010 文档发送到博客,可以将文档以不同文件类型作为电子邮件附件发送,可以更改文档类型,创建 PDF 或 XPS 文档。

3. 选项卡

Word 2010 包括开始、插入、页面布局、引用、邮件、审阅、视图等选项卡。从 Word 2007 开始,各种选项卡取代了 Word 2003 中的菜单,这让用户使用 Word 的各项功能变得更加直观、快捷。

4. 功能区

当单击不同的选项卡时，Word 2010 会切换到与之相对应的功能区面板。每个功能区根据功能的不同又分为若干个组。

5. 标　尺

Word 2010 中的标尺可分为水平标尺和垂直标尺。标尺显示了当前的页面尺寸和段落缩进等设置，通过拖动标尺上的滑块，便可以进行段落缩进和调整页边距等操作。

6. 状态栏

状态栏在 Word 2010 窗体的最底部，用来显示页数、光标所在的位置和当前文档的编辑方式等信息。

3.1.3　查阅文档的基本操作

Word 2010 中查看文档的基本操作包括视图模式的切换，隐藏或显示网格线、标尺和导航窗格，设置文档的显示比例大小，并排查看和比较等功能。以下分别对这些功能进行介绍。

1. 视图模式的切换

视图是指软件的外观。在查阅文档过程中，Word 2010 为用户提供了页面视图、阅读版式视图、Web 版式视图、大纲视图和草稿五种视图模式。在"视图"选项卡的功能区中可以对不同视图进行切换。

（1）页面视图

页面视图是最常用的视图模式。页面视图可以显示文本格式，可便捷地输入和编辑。页面视图还会显示页边距、页眉和页脚、背景、图形对象等元素，是最接近打印效果的页面视图。图 3-3 所示为页面视图。

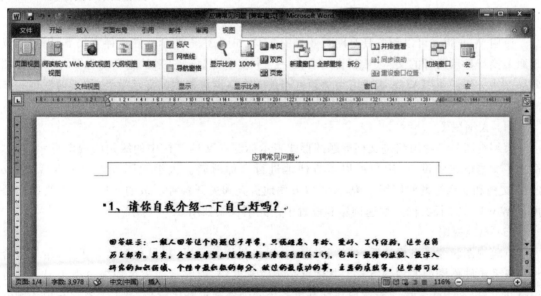

图 3-3　页面视图

（2）阅读版式视图

在阅读版式视图下最适合阅读长篇文章，如图3-4所示。阅读版式视图将原来的文章编辑区缩小，而文字大小保持不变。如果字数多，它会自动分成多屏。在该视图模式中"文件"按钮、功能区等窗口元素被隐藏起来。用户可以单击"工具"按钮选择如信息检索、以不同颜色突出显示文本、新建批注、查找等各种阅读工具，还可以单击"视图选项"按钮选择调整显示的字号、一次显示的页数、按打印效果显示页面、设置是否允许对文档的编辑、显示或隐藏文档的修订和批注等。

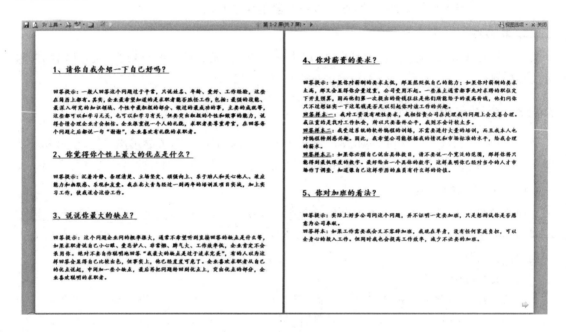

图3-4　阅读版式视图

（3）Web版式视图

使用Web版式可以预览具有网页效果的文本，如图3-5所示。在这种方式下，用户会发现原来换行显示两行的文本，重新排列后在一行中就全部显示出来。这是因为要与浏览器的效果保持一致。使用Web版式可快速预览当前文本在浏览器中的显示效果，便于再做进一步的调整。

（4）大纲视图

大纲视图是一种用缩进文档标题的形式表示标题在文档结构中的级别的视图显示方式，简化了文本格式的设置，用户可以很方便地进行页面跳转。大纲视图主要用于设置Word 2010文档和显示标题的层级结构，并可以方便地折叠和展开各种层级的文档。大纲视图广泛用于Word 2010长文档的快速浏览和设置中。大纲视图如图3-6所示。

（5）草稿视图

草稿视图隐藏了页面边距、分栏、页眉、页脚和图片等元素，仅显示标题和正文，是最节省计算机系统硬件资源的视图方式。其优点是响应速度快，能够最大限度地缩短视图显示的等待时间，以提高工作效率。当然现在计算机系统的硬件配置都比较高，基本上不存在由于硬件配置偏低而使Word 2010运行遇到障碍的问题。草稿视图如图3-7所示。

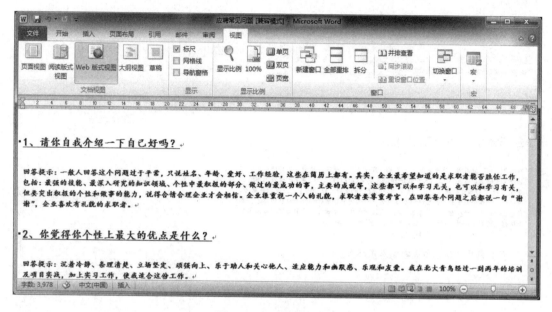

图 3-5　Web 版式视图

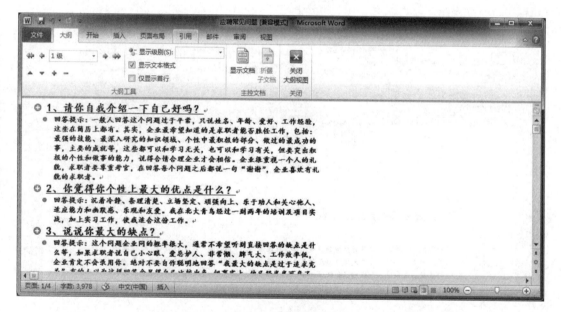

图 3-6　大纲视图

除了在"视图"选项卡的"文档视图"中来切换视图以外,用户还可以通过 Word 2010 状态栏右侧的视图切换按钮　　　　　进行视图的切换。

2. 隐藏或显示标尺

Word 2010 中的标尺包括水平标尺和垂直标尺,用于测量文档中的页边距、段落缩进、制表符等对象。如图 3-8 所示,单击"视图"选项卡,在"显示"组中选中或取消"标尺"复选框可以显示或隐藏标尺。

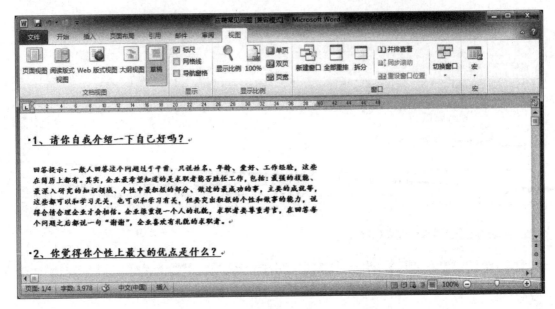

图 3-7　草稿视图

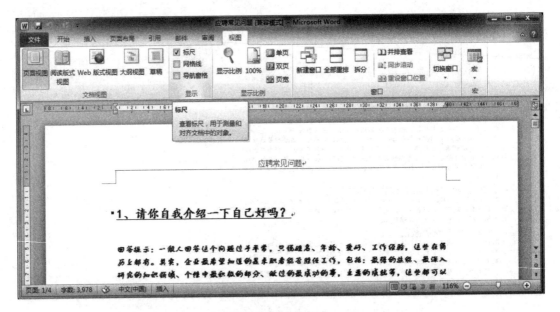

图 3-8　显示标尺

3. 隐藏或显示网格线

网格线能够帮助用户将 Word 2010 文档中的图形、图像、文本框、艺术字等对象沿网格线对齐,在打印时网格线不被打印出来。如图 3-9 所示,选中或取消"视图"选项卡的"显示"组中"网格线"复选框可以显示或隐藏网格线。

4. 隐藏或显示导航窗格

导航窗格主要用于显示 Word 2010 文档的标题大纲,用户单击左侧标题大纲中的标题可以展开或收缩下一级标题,并且可以快速定位到标题对应的正文内容。单击导航窗格中的不

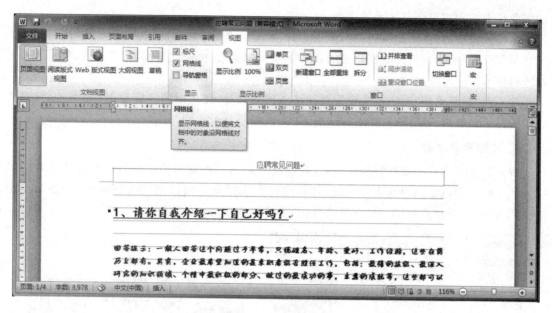

图 3 - 9　显示网格线

同选项卡还可以显示文档的缩略图或者浏览搜索文档的结果。如图 3 - 10 所示,选中或取消"视图"选项卡的"显示"组中"导航窗格"复选框可以显示或隐藏导航窗格。

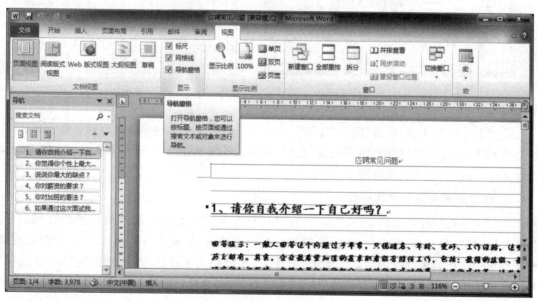

图 3 - 10　显示导航窗格

5. 设置文档的显示比例大小

在 Word 2010 文档窗口中可以设置页面显示比例,从而用以调整 Word 2010 文档窗口的大小。显示比例仅调整文档窗口的显示大小,并不会影响实际的打印效果。如图 3 - 11 所示,在"视图"选项卡的"显示比例"组中,用户可以根据自己

图 3 - 11　"显示比例"分组

的需要单击不同按钮调整显示的比例。

单击分组中的"显示比例"按钮,系统会弹出"显示比例"对话框,如图3-12所示。在"显示比例"对话框中用户可以根据自己的需要更加详细地按百分比、页宽、文字宽度、整页及多页来进行显示。

除了在"显示比例"对话框中设置页面显示比例以外,还可以通过拖动Word 2010状态栏右侧的显示比例滑块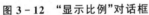放大或缩小显示比例。

6. 并排查看功能

Word 2010具有并排查看功能,通过此功能可以对不同窗口中的内容进行同步比较。当打开两个或两个以上的Word文档时,将其中一个文档窗口切换到"视图"选项卡,然后单击"窗口"组中的"并排查看"按钮,系统会弹出"并排比较"对话框,如图3-13所示。

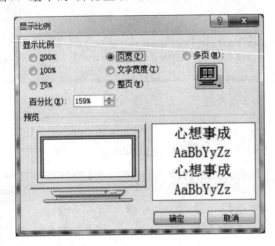

图3-12 "显示比例"对话框

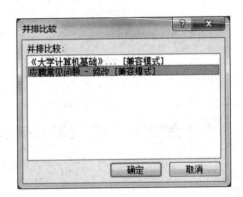

图3-13 "并排比较"对话框

选择其中一个文档,单击"确定"按钮后系统会自动将两个文档并排显示到屏幕上,同时系统会自动选择"窗口"组中的"同步滚动"按钮,如图3-14所示。当选择其中一个文档滚动其滚动条时,另外一个文档也会同步滚动。

7. 调整最近使用的文档记录

为了方便用户打开文档,Word 2010在默认情况下会自动保存最近使用过的文档记录。当多人同时使用一台计算机时,就会暴露用户的个人隐私,因此Word 2010提供了删除或调整最近使用文档记录数量的功能。单击"文件"菜单中的选项按钮,在所弹出的"Word选项"对话框中选中"高级"选项,在右侧的"显示"组中可调整"最近使用的文档"数目,当调整为0时将会删除所有最近使用的文档记录,如图3-15所示。

8. 文档保护的设置

有时候用户希望能把自己的文档进行加密,或者根据浏览者的职位不同或者职能不同,对文档的修改也有一定的限制。用户利用Word文档记录一些密码或者希望一段时间就取消的资料,或者只允许指定的用户查看文档内容。在Word 2010中,提供了各种保护措施。如图3-16所示,在"文件"菜单的"信息"选项中单击"保护文档"按钮,系统会弹出标记为最终状态、用密码进行加密、限制编辑、按人员限制权限和添加数字签名等选项。下面对常用的文档

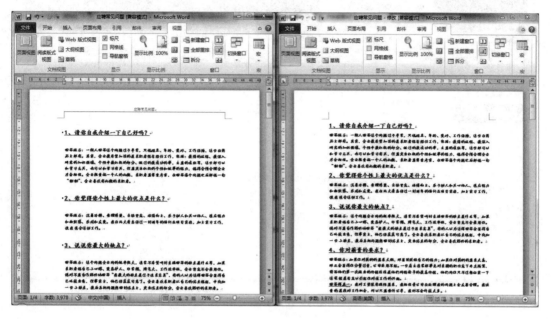

图 3 - 14　并排比较效果

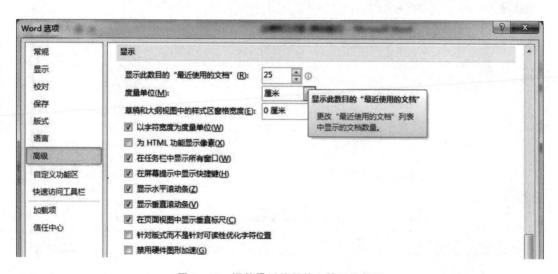

图 3 - 15　调整最近使用的文档记录数目

保护设置进行介绍。

　　当用户选中"标记为最终状态"选项时,打开文档发现各选项卡的功能区被隐藏,并且系统会提示"作者已将此文档标记为最终版本以防止编辑"。

　　当用户选中"用密码进行加密"选项时,系统会要求用户设置密码,当打开文档时需要输入密码才能访问文档内容。

　　当用户选中"限制编辑"选项时,如图 3 - 17 所示系统会在文档右侧打开"限制格式和编辑"对话框,用户可选择格式设置限制、编辑限制和启动强制保护按钮完成自身的限制需求。

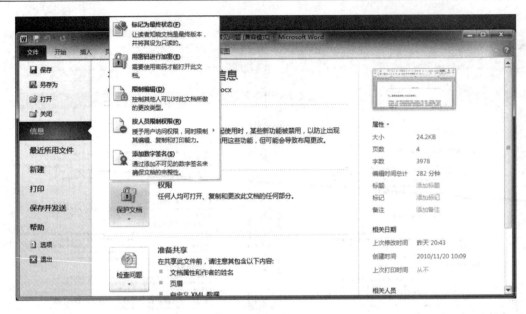

图 3 - 16　文档保护

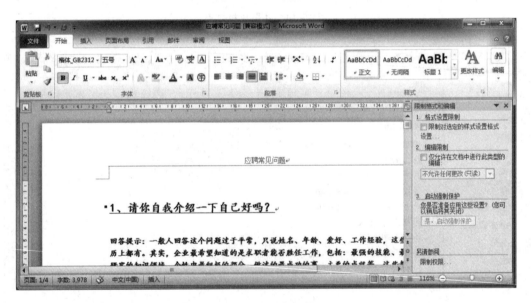

图 3 - 17　限制编辑

3.2　Word 2010 的文档操作

3.2.1　创建文档

1. 新建空白文档

启动 Word 2010 以后,系统将直接建立一个新的文档,并在标题栏显示"文档 1"。常用的创建新文档的方法主要有以下两种:

1）选择"文件"|"新建"命令。

2）按快捷键 Ctrl＋N。

2. 使用模板创建文档

Word 2010 除了可以使用以上方法新建文档以外，还可以使用模板和向导来创建一些有特殊要求的文档。选择"文件"→"新建"命令，在打开的"新建"面板中，用户可以选择"博客文章"和"书法字帖"等 Word 2010 自带的模板类型，还可以选择 Office.com 提供的在线模板，如图 3－18 所示。

图 3－18　新建文档

如图 3－19 所示，单击"样本模板"可以打开系统自带的模板列表，用户可以根据自己的需求来选择具体的模板加以创建，这样避免了用户自己编辑版式的麻烦。

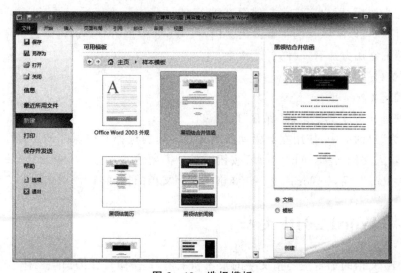

图 3－19　选择模板

3.2.2 打开文档

要对保存在软盘、硬盘或网络上的文档进行编辑,首先得打开文档。打开文档的常用方法有以下两种:

1)选择"文件"|"打开"命令。

2)按快捷键 Ctrl+O。

在"打开"对话框中,使用左侧驱动器或文件夹列表找到要打开文档的位置,双击文档图标或选中义档图标单击"打开"按钮即可打开该文档,如图 3-20 所示。

图 3-20 打开文档

3.2.3 保存文档

在编辑完文档后,用户应该将它保存在 U 盘或硬盘中。当以后需要对文档进行修改、打印等操作时,用户可以从保存的位置读出文档,在 Word 中重新对其进行编辑。

保存文档的常用方法有三种:

➢ 选择"文件"|"保存"命令。

➢ 按快捷键 Ctrl+S。

➢ 单击快速访问工具栏中的"保存"按钮 。

在"另存为"对话框中,使用左侧驱动器或文件夹列表选择文档保存的路径位置,在"文件名"文本框中输入文档名称,单击"保存"按钮即可。需要注意的是,Word 2010 默认保存文档的扩展名为".docx",而以 Word 97-2003 格式保存文档的扩展名为".doc"。

3.3 编辑 Word 2010 文档

Word 2010 文档的编辑主要指文字的录入和编辑,是排版工作的前期工作。

3.3.1　文字录入

1. 中文、英文的输入

文本的主要内容就是汉字、英文字母、标点符号、特殊字符及日期。

如果要输入英文,则可以直接输入、编辑。在文档界面中,可以看到编辑区内有一个闪烁的光标,它表示目前文档所处的输入位置。

如果需要输入汉字,则需要事先调用某一种汉字输入法(如五笔字型、微软拼音输入法等),再在文档编辑区中输入文本。

2. 符号的输入

标点符号:各种标点符号、部分特殊符号的输入使用前面章节介绍的方法。

特殊符号:选择"插入"选项卡的"符号"组中的"符号"命令,弹出"符号"对话框,如图 3-21所示。在其中选择不同的字体集,双击要插入的符号或单击"插入"按钮,即可将其输入到编辑位置。

3. 插入公式

插入数学公式的功能在 Word 2007 以前的版本中是需要另行安装"公式编辑器"的,从Word 2007 版开始省去了之前的很多不便。

Word 2010 插入公式的方法如下:选择"插入"选项卡的"符号"组中的"公式"命令,如图 3-22 所示。系统会列出内置的公式供用户选择。除此之外,用户还可以从 Office.com 通过网络查找需要的公式免除了自己输入公式的烦恼。如果确实需要自己输入公式,则可以单击"插入新公式"自行输入。

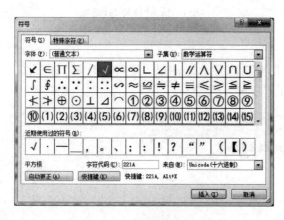

图 3-21　"符号"对话框

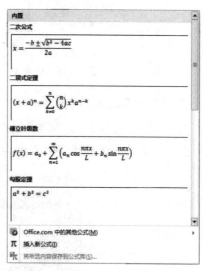

图 3-22　插入公式

需要注意的是,如果用户想在 Word 97-2003 格式的文档中插入公式,系统会提示"此命令当前已被禁用"。如果需要使用这个功能,则可以选择"文件"|"信息"|"转换"命令,将文档格式转换为新的格式。

4. 插入编号

在 Word 2010 中,对文档内容进行编号有两种方法。

一种是选择"开始"选项卡的"段落"组中"编号"命令,在弹出的"编号库"中选择不同的编号格式或新定义编号格式进行自动编号,如图 3-23 所示。

另外一种方法是选择"插入"选项卡的"符号"组中的"编号"命令,在弹出的"编号"对话框中选择相应的编号类型进行手工编号,如图 3-24 所示。

图 3-23 编号库

图 3-24 "编号"对话框

5. 插入日期时间

选择"插入"选项卡的"文本"组中的"日期和时间"命令,调出"日期和时间"对话框,如图 3-25 所示。选择一种可用格式,单击"确定"按钮。

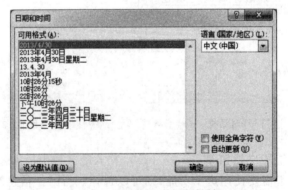

图 3-25 "日期和时间"对话框

3.3.2　文本编辑

1. 文本的选定

"先选定,后操作"是 Word 操作的总原则。这些操作包括复制、移动、删除、设置格式、设置样式等。如果需要对较多的文本进行编辑,则先选定这些文本,选定后的文本呈反相显示。Word 2010 提供了对文本的各种选定方法,用户根据需要可采用以下任何一种:

- 选定一个词。用鼠标双击该词语(单词)。
- 选定一句话。按住 Ctrl 键单击句子中的任意位置。
- 选定任意数量的文本。将 I 字形鼠标指针定位在待选定部分的起始位置,然后按住鼠标左键拖曳到选定部分的结束位置,释放鼠标。
- 选定大块文本。单击待选定部分的起始位置,然后按住 Shift 键不放,单击要选定部分的结束位置。这种方法适合选定内容较长或跨页的文本。
- 选定一行。单击选择区(单行文本的左侧,即文档页面的左边距)。
- 选定一段。双击选择区,或用鼠标左键快速三击段内任意位置。
- 选定全文。三击选择区,或者按快捷键 Ctrl+A。
- 选定矩形块。按住 Alt 键,再按鼠标左键拖选。
- 取消文本选定。单击文档的任意位置,或按键盘上的某个光标控制键→、←、↑、↓。

☺ 想一想

达到如图 3-26 所示的选择效果,共有多少种选择方法?

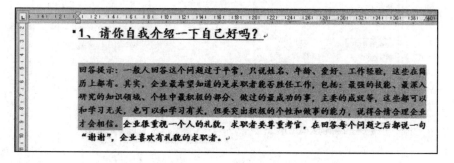

图 3-26　文本选定

2. 删除、复制、移动文本

对文本的移动和复制是编辑文档必不可少的操作之一。

(1) 文本的删除

删除文本有两种方法:

- 删除一个字符。使用键盘上的 BackSpace(退格)键删除插入点左侧字符,Delete(删除)键删除插入点右侧字符。
- 删除多个字符。先选定文本块,然后按 Delete 键。

(2) 文本的复制

在输入文本时,有时候一些重复的内容可以不必重新输入。利用"复制"命令,可简化许多操作,提高输入效率。复制文本有以下两种方法:

➢ 拖动法。先选定要复制的文本,按下 Ctrl 键,再按住鼠标将其拖动到目标位置。

➢ 用剪贴板复制文本。先选定要复制的文本;单击"常用"工具栏中的"复制"按钮 📋复制 (或按 Ctrl+C);定位光标于目标位置,单击"常用"工具栏中的"粘贴"按钮(或按 Ctrl+V)。

(3) 文本的移动

移动文本有以下两种方法:

➢ 拖动法。按住鼠标拖动被选择的文本到目标位置。

➢ 利用剪贴板移动文本。选定要移动的文本;单击"常用"工具栏中的"剪切"按钮 ✂剪切 (或 按 Ctrl+X);定位光标于目标位置,单击"常用"工具栏中的"粘贴"按钮(Ctrl+V)。

☺ 想一想

剪切与删除的区别是什么?

3. 查找与替换文本

当某些文字(如人名、地名)在一篇文章中多次出现时,在录入时可以先用一个符号暂时代替,最后用替换功能将该文字一次性替换过来。

单击"开始"选项卡的"编辑"组中的"替换"按钮,调出"查找和替换"对话框,该对话框包含了"查找""替换""定位"三个选项卡,如图 3-27 所示。请读者自己理解操作。

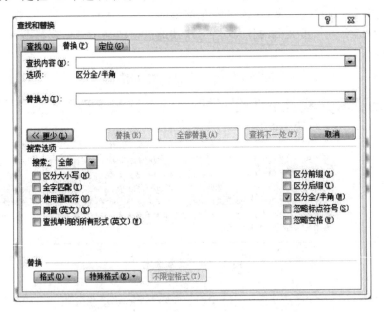

图 3-27 查找和替换

☺ 想一想

怎样将某文档中的"Internet"一次性删除或一次性替换成红色二号"因特网"?

3.3.3 撤销和恢复

1. 撤 销

使用撤销功能可以撤销以前的一步或多步操作,撤销操作有以下两种方法:

➢ 单击快速访问工具栏中的"撤销"按钮 ↩,可以撤销上一步操作。

➢ 按快捷键 Ctrl＋Z 完成撤销操作。

2．恢　复

恢复操作有以下三种方法：

➢ 选择"编辑"|"恢复"命令，可以恢复上一步撤销操作，连续使用可进行多次恢复。

➢ 单击"常用"工具栏中的"恢复"按钮 ↺，可以恢复上一步撤销操作。

➢ 按快捷键 Ctrl＋Y 完成恢复。

3.4　格式化 Word 2010 文档

在完成文本的录入和编辑之后，为了使文档层次分明、版面美观，需要对文档进行必要的格式设置，也就是对文档中的文本、段落、版面等在显示方式上进行设置，这就是文档格式化，包括字符格式化、段落格式化和版面格式化。

3.4.1　字符格式化

字符格式化，即对文本进行格式化，其目的是使文本醒目、美观或符合某种文本版式，主要内容通常是设置文本的字体、字形、颜色、边框和背景等。

1．"字体"对话框

打开"字体"对话框有以下三种方法：

➢ 单击"开始"选项卡的"字体"组右下角箭头。

➢ 按快捷键 Ctrl＋D。

➢ 右击选定的文本，从快捷菜单中选取"字体"项，调出"字体"对话框。

"字体"对话框如图 3－28 所示。

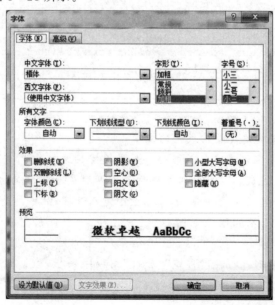

图 3－28　"字体"对话框

➤ "字体"选项卡。给选定的文本设置字体、字形、字号、颜色、下画线颜色、着重号、效果。
➤ "高级"选项卡。给选定的文本设置字符缩放、字符间距(标准、加宽、紧缩)、字符位置(标准、提升、降低)及 OpenType 功能。

> **☀小窍门**
> 在使用 Word 设置文档中文字的字号时,选定字符后可以使用 Ctrl+>或 Ctrl+<快捷键,使字号逐磅变大或变小(Word 2003 版本可以使用 Ctrl+]或 Ctrl+[快捷键,使字号逐磅变大或变小,在 Word 2010 中此快捷键得以保留)。

2. "边框和底纹"对话框

先选定要设置边框、底纹的文本。选择"页面布局"选项卡的"页面背景"组中的"页面边框"选项,调出"边框和底纹"对话框,如图 3-29 所示。单击"开始"选项卡的"段落"组中"下框线"下拉菜单,从中选择"边框和底纹"也可以打开该对话框;对于简单的边框、底纹的设置可以直接单击"开始"选项卡的"字体"组和"段落"组中的相关按钮完成。

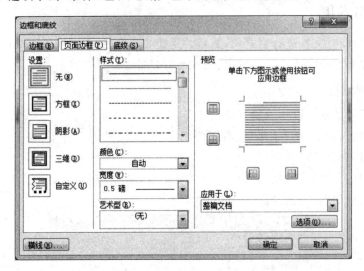

图 3-29 "边框和底纹"对话框

> **☀温馨提示**
> ① 格式化的前提是先选定要格式化的文本。
> ② 英文字体与中文字体是完全不同的。如果选定的文本中既有中文又有英文,则可以通过图 3-28 一次设置完成。"字号"列表中预置了两种表示字号的方式,一种是中文标准,用一号字、二号字等表示,最大是初号(零号),最小是八号字;另一种是西文标准,用数字来表示,单位为磅(1 英寸=72 磅),取值范围:1~1 638 磅,一般使用它来设置较大的文字(如标语等)。
> ③ 字形的改变。字形有四种:"常规""加粗""倾斜"和"加粗+倾斜"。使用"开始"选项卡的"字体"组中的 **B** 设置加粗字形(快捷键 Ctrl+B),*I* 设置斜体字(快捷键 Ctrl+I),U 设置下画线(快捷键 Ctrl+U)。

④ 在对选定的文本应用了某种字形后,通过再次单击工具栏的 **B** *I* <u>U</u> ▾ 可以取消字形的设置。

☺ 想一想

上标、下标与文字提升、降低有什么不同? 文字边框和页面边框有什么不同? 怎样利用下标设计化学方程式 $H_2\uparrow + O_2\uparrow \rightarrow H_2O$?

3.4.2　段落格式化

对于段落的格式化设置,用户可以选择"开始"选项卡的"段落"组中的相关命令进行设置(见图 3-30),也可以单击"段落"组右下角图标打开"段落"对话框进行更加详细的设置。

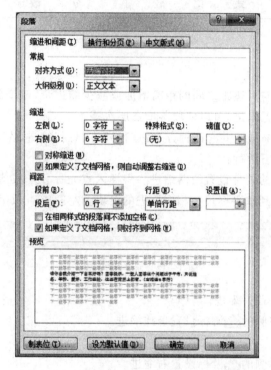

图 3-30　"段落"对话框

1. 设置段落对齐方式

段落对齐方式是指利用 Word 2010 的编辑排版功能调整文档中段落相对于页面的位置。常用的段落对齐方式有:左对齐、居中对齐、右对齐、两端对齐和分散对齐五种,如图 3-31 所示。在"开始"选项卡的"段落"组中单击对齐方式按钮 ▤ ▤ ▤ ▦ ▦ 可以调整相应的对齐方式。

设置方法:选定段落或鼠标定位于段落内任意位置,直接单击工具栏上的相应按钮或从"段落"对话框的"缩进和间距"选项卡的"对齐方式"下拉列表框中选择相应的对齐方式。

💡 温馨提示

① 一般文章的正文段落为了使其左侧和右侧笔直对齐,使之整齐美观,需要应用"两端对齐";文章标题常选用"居中对齐";文章落款常用"右对齐";增大字间距,拉伸占满一整行用

"分散对齐"。

② 对齐与两端对齐的区别只有当段落同时包含全角、半角时,才能明显不同,主要是段落右侧对齐的程度。

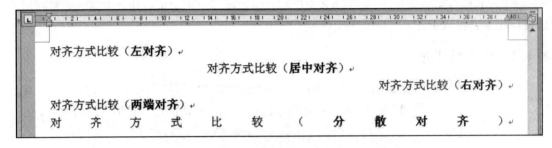

图 3 - 31　对齐方式比较

2. 设置段落缩进

段落缩进是指文本与页边距之间的距离增加或减少缩进量,改变的是文本和页边距之间的距离。通过为段落设置缩进,可以使段落增强层次感。

Word 2010 的段落缩进一共有四种方式:首行缩进、悬挂缩进、左缩进和右缩进。设置段落缩进的方法主要有以下两种:

➢ 使用"水平标尺"的游标设置段落缩进。将插入点光标置于段落中(或同时选定多个段落),鼠标指针指到水平标尺中相应缩进的滑块上左右拖动,如图 3 - 32 所示。

图 3 - 32　水平标尺缩进

① 拖动▽游标设置首行缩进。
② 拖动水平标尺左侧的△游标设置悬挂缩进。
③ 拖动▢游标设置左缩进。
④ 拖动水平标尺右侧的△游标设置右缩进。

➢ 使用"段落"对话框设置段落缩进。"段落"对话框的使用频度仅次于"字体"对话框。在该对话框中可以直接输入数值(以厘米、毫米、磅为单位),精确设置各种缩进量,还能设置段前间距、段后间距、行间距等。

图 3 - 33 所示的四段文档分别应用了首行缩进、悬挂缩进、左缩进和右缩进。

💡小窍门

除了选择"格式"|"段落"命令打开"段落"对话框外,双击水平标尺中某一个段落缩进游标的方式也能快速打开"段落"对话框。

3. 设置段间距与行间距

调整段落之间、行之间的距离的方法与设置段落对齐类似:先选定段落,在"段落"对话框中设定,行间距也可以通过工作区"段落"组中的按钮设定。图 3 - 34 所示为设置了段间距和

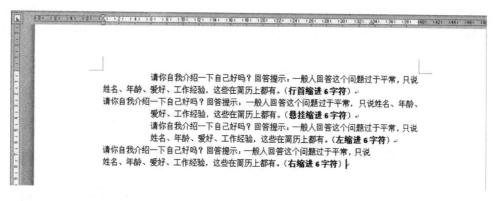

图 3－33　缩进比较

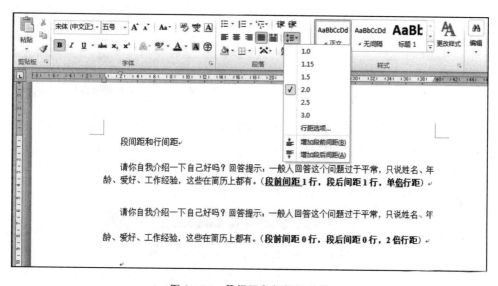

图 3－34　段间距和行间距设置

行间距的两段文本,鼠标指针所指的按钮就是调整行间距的按钮。

3.4.3　项目符号

为了使文档分类和要点更加突出,用户可以使用原点、星号、箭头等系统自带的项目符号,也可以自定义项目符号来区分 Word 文档中不同类别的文本内容。为了突出层次感,用户还可以插入多级列表。多级列表是指文档中编号或项目符号列表的嵌套,来实现文档的层次效果。

1. 设置项目符号

对已存在的文本设置项目符号,应先选定需要设置项目符号的文本或将光标移动到文本中;对于尚不存在的文本,可将光标定位在要输出文本的位置。

单击"开始"选项卡的"段落"组中的"项目符号"下三角按钮,在打开的"项目符号库"中选中合适的项目符号即可完成项目符号的设置,如图 3－35 所示。在弹出的下拉列表中不仅列出了"项目符号库",还列出了最近使用过的项目符号以及文档中已经使用过的项目符号。

如果在"项目符号库"中没有用户想要的项目符号,则可以单击"定义新项目符号"自行定义项目符号。图3-36所示为"定义新项目符号"对话框。

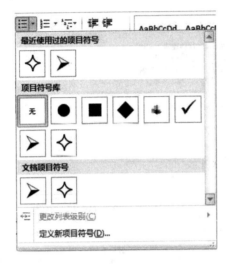

图 3-35　项目符号库

图 3-36　"定义新项目符号"对话框

在"定义新项目符号"对话框中,用户定义新的项目符号时可以从系统自带的符号库中选择,也可以从系统自带的图片库中选择或导入外部图片定义符号。对于符号的样式可以单击"定义新项目符号"中的"字体"按钮进行设置,符号的对齐方式可以在"对齐方式"下拉列表中进行选择定义。如图3-37所示,从符号库中选择符号。

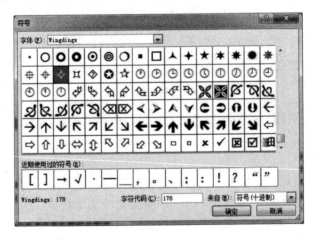

图 3-37　符号库中选择符号

2. 设置多级列表

单击"开始"选项卡的"段落"组中的"多级列表"下三角按钮,在弹出的多级列表面板中提供了八种编号样式。如果不能满足需要,则用户可以自定义多级符号来重新设置。设置多级列表的具体步骤如下:

① 打开多级列表面板选择一种编号样式,如图3-38所示。此时,系统会在文本的光标处自动输入多级列表中的第一级编号。

② 在一级编号后输入文本,按 Enter 键换行,此时有些列表样式系统会自动编号,而有些不会自动编号。如果是没有自动编号的列表样式或自动编号的级别不是用户所需要的,则用户可以单击图 3 - 38 中的"更改列表级别",从弹出的菜单中选择相应的级别,如图 3 - 39 所示。

图 3 - 38　选择多级列表样式

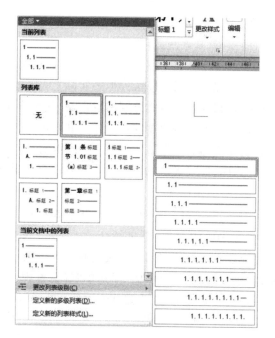

图 3 - 39　更改列表级别

> **💡小窍门**
>
> ① 如果是对于现有的文本进行多级列表设置,则可以将光标停留在需要设置的文本行,先选择多级列表样式,然后更改列表级别。
>
> ② 可以利用 Tab 键输入多级列表。先利用编号功能选择一种样式输入文本后按 Enter 键,在自动编号后面不要输入内容直接按 Tab 键将开始下一级编号列表。如果下一级编号列表格式不合适,则可以在"编号"下拉列表框中进行设置。第二级编号列表的内容输入完成以后,连续按下两次 Enter 键可以返回上一级编号列表。

3.4.4　格式刷和样式

1. 格式刷

"开始"选项卡的"剪贴板"组中的"格式刷" 🖌格式刷 是一种快速复制格式的工具。如果在文档中频繁使用某种格式,就可以将这种格式复制,从而简化操作。具体操作方法如下:

① 选中需要复制格式的文本。

② 单击"格式刷"按钮 🖌格式刷 ,此时鼠标变成刷子形状。

③ 按住鼠标左键并扫过要进行格式化的文本,然后松开鼠标,该格式将自动应用到扫过的文本上,鼠标也还原成原来的形状。

2. 样 式

所谓样式，就是系统或用户定义并保存的一系列排版格式，包括字体、段落的对齐方式和边距等。重复地设置各个段落的格式不仅烦琐，而且很难保证格式统一。使用样式就可以轻松地编排具有统一格式的段落。样式实际上是一组排版格式命令。因此，在编写文档时，可以先将文档中用到的各种样式分别加以定义，使之应用于各个段落。

"开始"选项卡中最明显的应用样式和更改样式的功能区就是样式组。如图3-40所示，该组有四个控件：快速样式库、样式集、扩展库、样式任务窗格启动器（见图3-40右下角箭头）。

图 3-40　样式组

单击图3-40中的"扩展库"下三角按钮可以显示"快速样式库"中的更多样式，如图3-41所示。如果库中还有更多样式，那么使用垂直滚动条或者通过拖动右下角的空间来扩展或收缩库的大小就可看到它们。

单击"更改样式"工具中的"样式集"就会看到一些新功能，如图3-42所示。在样式集中有众多的样式主题选项，这些都是为方便用户能快速地改变文档外观而精心构建的样式组合。

图 3-41　快速样式库

图 3-42　更改样式集

在弹出的"更改样式"菜单中还有"颜色""字体"和"段落间距"控件。这些工具可以与样式集中的主题配合使用。

（1）设置样式

设置样式前应首先选中需要的设置内容，或将光标移动到需要设置的内容中，然后单击快速样式库中自己所需的样式。如果快速样式库中没有用户需要的样式，则可以单击"样式"组右下角的箭头符号打开"样式"对话框选择合适的样式,如图 3-43 所示。

(2) 新建样式

用户除了可以使用现成的样式外,还可以新建样式。单击"样式"对话框左下角的"新建样式"按钮,可以打开"根据格式设置创建新样式"对话框,用户可以根据自己的需要进行样式的设计,如图 3-44 所示。

图 3-43　"样式"对话框

图 3-44　"根据格式设置创建新样式"对话框

(3) 修改样式

如果对自己或别人设计的样式不满意,则可以随时更改样式。用户在"样式"对话框中选中某一样式后单击右侧的三角符号,在弹出的下拉菜单中选择"修改"选项,系统会弹出与图 3-44 类似的对话框,用户可以针对该样式进行修改。

> 💡小窍门
>
> 选中快速样式库中的某一样式后右击选择"修改"选项,用户可以对快速样式库中的样式进行修改。

3.4.5　批注与修订文档

批注和修订是用于审阅别人的 Word 文档的两种方法。批注本身很容易解释,它是读者在阅读 Word 文档时所提出的注释、问题、建议或者其他想法。批注不会集成到文本编辑中。它们只是对编辑提出建议,批注中的建议文字经常会被复制并粘贴到文本中,但批注本身不是文档的一部分。而修订却是文档的一部分。修订是对 Word 文档所做的插入和删除。可以查看插入或删除的内容、修改的作者及修改时间。这样,如果文档经过多次编辑,就可以查看第一次的编辑,还有助于根据"作者"确定如何整合各次编辑。

1. 批注文档

批注文档的具体步骤如下:

① 将插入点置于要插入批注的文档后面,或者选中要插入批注的文档内容。

② 单击"审阅"选项卡的"批注"组中的"新建批注"按钮,如图 3-45 所示。系统会在右侧显示批注框。

③ 用户可以在批注框中编辑批注信息。Word 2010 的批注信息前面会自动加上"批注"二字以及作者和批注的编号。

④ 在文档窗口中的其他区域单击鼠标左键,即可完成批注的创建。

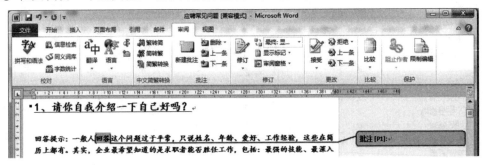

图 3-45 批 注

如果需要删除已作的批注,则先选中或者将光标移动到批注文档,然后单击"批注"组中的"删除"按钮即可。

> 💡**小窍门**
>
> ① 切换到"审阅"选项卡,在"修订"组中单击修订下方的小三角,在弹出来的下拉列表框中单击"更改用户名"可以更改批注作者。
>
> ② 选择"修订"组中的"显示标记"|"批注框",可以将批注的显示方式改为嵌入方式显示;选择"修订"组中的"审阅窗格"可以在垂直或者水平的审阅窗格中显示批注。

2. 修订文档

修订文档的具体步骤如下:

① 单击"审阅"选项卡的"修订"组中的"修订"按钮。

② 删除拟修订的内容,如图 3-46 所示。此时,系统会在右侧显示修订框,修订框中记录了删除的内容。

③ 输入修订后的内容,该内容系统会以红色下画线显示。

> 💡**小窍门**
>
> 同批注操作方法类似,修订也有批注框、嵌入式和审阅窗格三种显示方式,除此之外修订还有显示修订的状态方式。显示修订的状态方式又分为"最终:显示标记""最终状态""原始:显示标记""原始状态"几种子方式,这几种显示方式可以在"修订"组中选择相应的下拉菜单项进行切换。

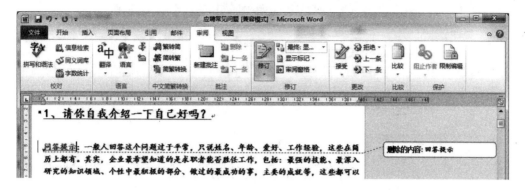

图 3 - 46 修 订

3.4.6 创建目录

每本书都有目录。编排目录是编辑长文档中的一项非常重要的工作,其作用是列出文档中的各级标题和每个标题所在的页码。Word 具有自动创建目录的功能,还有根据正文内容增删自动更新目录的功能。创建了目录以后,只要按住 Ctrl 键并单击目录中的某个标题,就可以直接跳转到该标题所对应的页面中。

> **温馨提示**
>
> ① 先录入正文,再生成目录,目录一般放于首页。
>
> ② 创建目录的前提条件:正文中的各级标题必须设置成对应的样式。
>
> ③ 目录生成后,如果正文内容有变,则只需右击目录,选择"更新域"命令即完成目录的自动更新。

创建目录的具体操作如下:

① 为正文中的各级标题设置对应样式。

② 单击"引用"选项卡的"目录"组中的"目录"按钮,系统会弹出如图 3 - 47 所示的内置窗口,用户可以选择内置的手动目录或自动目录样式进行创建。

③ 如果内置窗口中没有用户需要的样式,则可以单击"插入目录"按钮,系统会弹出"目录"对话框,如图 3 - 48 所示。用户可以在"格式"下拉列表框中选择相应的模板,还可以单击"修改"按钮对模板进行调整。

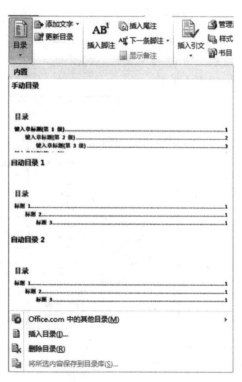

图 3 - 47 插入目录

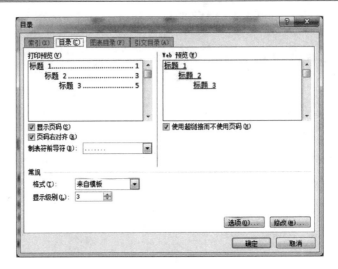

图 3-48 "目录"对话框

3.5 Word 2010 表格处理

文档中经常需要使用表格来组织有规律的文字和数字,有时还需要用表格将文字段落并行排列,如个人履历表。表格是由若干行和若干列组成,行列的交叉称为"单元格"。单元格中可以填入文字、数字和图形,参见图 3-49"存购机型"实例。文字在单元格中的换行形式与在正文中的方式类似。

存购机型				
品牌 指标 性能	柯达 DX6490	佳能 IXUS430	富士 Finpeix	尼康 Coolpix
有效像素	400	400	210	310
光学变焦	10×	10×	3×	3×
数码变焦	3×	3.2×	2.5×	3.2×
重 量/克	337	215	176	180
价格/元	3250	1800	900	1950
传感器	1/2.5英寸 CCD	1/2.7英寸 CCD	1/2.7英寸 CCD	1/2.7英寸 CCD
优 点	超大屏幕 操作简单	功能齐全 性价比高	入门产品 性价比高	设计特别 轻巧方便

图 3-49 表格的一个应用实例

3.5.1 创建表格

Word 2010 为用户在插入点创建表格提供了以下三种方式。

1. 利用矩阵创建表格

① 单击"插入"选项卡的"表格"按钮,系统会弹出"插入表格"窗口,如图 3-50 所示。

② 在出现的网格中,按下鼠标左键,向下拖动鼠标设置创建表格的行数和列数。需要注意的是,使用此方法最多创建 8 行 10 列的表格。

③ 松开鼠标左键,Word 将自动把设置的表格插入到指定的位置。

2. 利用"插入表格"对话框创建表格

① 单击图 3－50 中的"插入表格"选项打开"插入表格"对话框,如图 3－51 所示。

图 3－50　"插入表格"窗口　　　　图 3－51　"插入表格"对话框

② 在表格尺寸标签下,设置表格的列数和行数,在"自动调整"操作下对表格相关属性进行调整。

③ 单击"确定"按钮,即可插入表格。

3. 绘制表格

单击图 3－50 中的"绘制表格"选项,光标变成铅笔形状,按住鼠标左键,拖动鼠标向右下移动,会出现一个虚线框,此时松开鼠标左键,就会出现一个实线的表格边框。再按住鼠标左键在表格边框内横向或者纵向拖动,就会生成单元格,多个单元格组成了整个表格。绘制完表格后按 Esc 键或者双击鼠标左键即可退出绘制表格模式。

3.5.2　编辑表格

在表格的任何位置单击,系统会在选项卡中新增表格工具,即"设计"和"布局"两个选项卡,以方便用户对表格进行编辑。

1. 选定单元格

表格的编辑操作依然遵循"先选中,后操作"的原则。选定表格有以下两种方法:

① 利用鼠标选择。将光标移到任意一个单元格左边界时,光标变成一个向右的实心黑箭头,此为单元格的选定条,单击鼠标选定单元格。如果将鼠标移到表格中某一列顶部,光标变成一个向下的实心黑箭头,单击鼠标选中当前列。如果将鼠标移到页面左侧空白区,单击鼠标选中当前行。

② 利用"布局"选项卡中的工具选择。将光标移动到打算选中的任意单元格中,切换到"表格工具布局"选项卡中,在"表"组中单击"选择"按钮,在弹出的快捷菜单中选择相应的选项即可完成单元格的选择。

2. 合并和拆分单元格

如实例中所示,可将第一行的五个单元格合并,更有利于显示表格的标题。具体操作如下:

① 合并单元格。选中要合并的若干单元格,单击鼠标右键,在弹出的快捷菜单中选择"合并单元格"命令。也可选中要合并的若干单元格后,单击"表格工具 布局"选项卡的"合并"组中的"合并单元格"按钮。

② 拆分单元格。将光标移动到要拆分的单元格中单击鼠标右键,在弹出的快捷菜单中选择"拆分单元格"命令,系统会弹出"拆分单元格"对话框,如图 3-52 所示。在文本框中填入拆分的行数和列数,单击"确定"按钮即可完成拆分。单击"表格工具布局"选项卡的"合并"组中的"拆分单元格"按钮,也可打开"拆分单元格"对话框。

图 3-52 "拆分单元格"对话框

3. 调整单元格对齐方式和文字方向

出于美化文档的目的,用户会经常调整表格的对齐方式,在使用 Word 2010 时,可以通过多种方法设置单元格中内容的对齐方式。在 Word 2010 的表格单元格中也可以设置文字的方向,包括水平方向、垂直方向等,用户可以根据实际情况选择合适的文字方向。

在 Word 表格中,选中需要设置对齐方式的单元格或整张表格,在"表格工具"功能区中切换到"布局"选项卡,然后在"对齐方式"组中分别选择靠上两端对齐、靠上居中对齐、靠上右对齐、中部两端对齐、水平居中、中部右对齐、靠下两端对齐、靠下居中对齐和靠下右对齐对齐方式。

4. 平均分配单元格大小

如果表格中单元格大小不一,会严重影响文档的美观,使用 Word 2010 的平均分配单元格大小的功能可以很简单地调整单元格的大小。

在 Word 2010 中平均分配单元格的大小的方法如下:

使用鼠标左键单击表格左上角的移动手柄选中文档中的表格,在表格区域单击鼠标右键,在弹出的快捷菜单中选择"平均分布各行"命令,然后重复同样的操作再单击"平均分布各列",如图 3-53 所示。

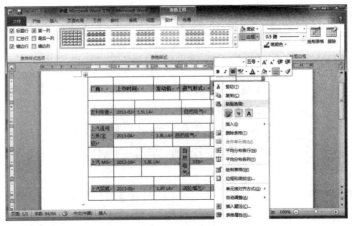

图 3-53 平均分配单元格

5. 表格和文本的相互转换

如果用户想去掉表格的显示效果,则可以将文档表格中选定的单元格或整个表格转换为文本内容。相反,如果用户想将文本内容转换为表格在 Word 2010 中也可以实现。

(1) 表格转换为文本

将光标移动到需要转换的表格中任意单元格。单击"表格工具 布局"选项卡的"数据"组中的"转换为文本"按钮,系统会弹出如图 3-54 所示的"表格转换成文本"对话框,用户可以选择几种文字分隔符进行转换。

(2) 文本转换为表格

为准备转换成表格的文本添加段落标记和分割符(建议使用最常见的逗号分隔符,并且逗号必须是英文半角逗号),并选中需要转换成的表格的所有文字。在"插入"选项卡的"表格"组中单击"表格"按钮,并在打开的表格菜单中选择"文本转换成表格"命令,系统会弹出如图 3-55 所示的"将文字转换成表格"对话框。用户可以根据需求设置相应选项完成转换。需要注意的是,如果弹出的"将文字转换成表格"对话框中显示列数为 1(而实际应该是多列),则说明分隔符使用不正确,需要返回上面的步骤修改分隔符。

图 3-54　"表格转换成文本"对话框

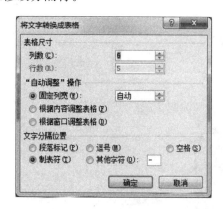

图 3-55　"将文字转换成表格"对话框

3.5.3　表格格式化

在实例中给表格添加了表头,设置了边框样式,这样不仅美化了表格,还能使表格内容清晰整齐,提高文档的可读性。如何达到实例中的效果呢? 下面分别介绍操作步骤。

1. 设置斜线表头

与 Word 2003 和 Word 2007 相比,Word 2010 中取消了直接绘制斜线表头的功能。用户可以先将光标移动到需要绘制的单元格中,然后利用"表格工具 设计"选项卡的"表格格式"组"边框"快捷菜单中的"斜下框线"绘制出斜线表头。添加文字可以利用插入文本框来实现,然后设置文本框线型为无色,如图 3-56 所示。最后,利用 Shift+鼠标左键选中这些文本框后单击鼠标右键,利用组合命令将它们组合起来,如图 3-57 所示。

2. 设置表格边框

在 Word 2010 中,用户可以对整个表格或者选中的单元格设置边框属性。

① 选中需要设置边框属性的表格或者单元格。

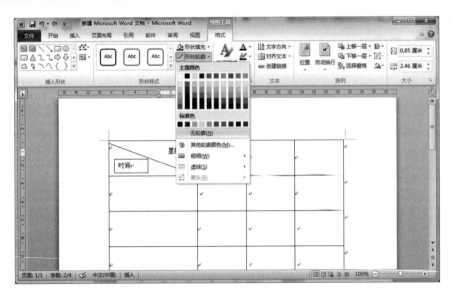

图 3 - 56　去掉边框轮廓

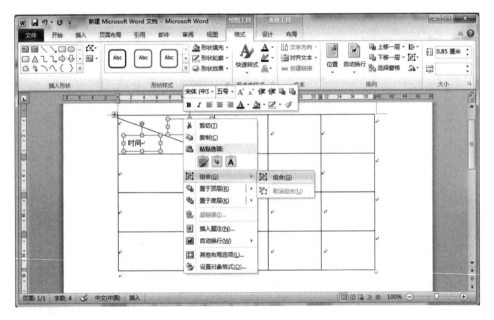

图 3 - 57　组合文本框

　　② 切换到"表格工具设计"选项卡,在"表格样式"组中单击"边框"按钮,在弹出的快捷菜单中选择一种样式即可完成表格边框的设置,如图 3 - 58 所示。

　　除此之外,还可以单击图 3 - 58 中"边框"菜单的"边框和底纹"选项,打开"边框和底纹"对话框完成边框的设置,如图 3 - 59 所示。

3. 设置表格的样式和底纹

（1）设置表格样式

　　Word 内置了一些设计好的表格样式,包括表格的框线、底纹、字体等格式设置。利用它可以快速地引用这些预定的样式。

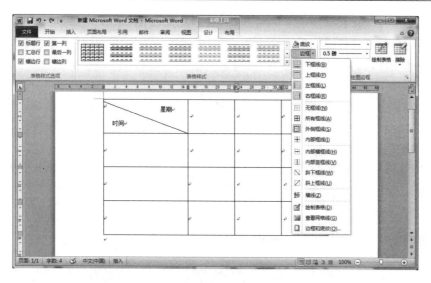

图 3 - 58 设置边框

图 3 - 59 "边框和底纹"对话框

单击表格区域,切换到"表格工具 设计"选项卡,在"表格样式"组中选择一种样式即可完成表格样式的设置,如图 3 - 60 所示。

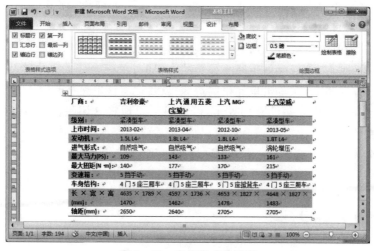

图 3 - 60 表格样式的设置

单击"表格样式"列表框中的下三角按钮,会弹出所有的 Word 2010 中内置的表格样式,这样方便用户选择。在弹出的列表框中还有"修改表格样式""清除"和"新建表样式"命令可供用户修改和新建样式。

（2）设置表格底纹

给表格增加底纹的效果可以通过以下步骤完成:用鼠标左键单击表格区域,选中需要增加底纹的单元格,然后切换到"表格工具设计"选项卡,单击"表格样式"组中的"底纹"按钮,在弹出来的"底纹颜色"下拉框中选择一种颜色即可完成底纹设置。

除此之外,用户还可以通过打开"边框和底纹"对话框中"底纹"选项卡来设置表格底纹。

4．设置表格的行高和列宽

选中需要设置行高的表格,切换到"表格工具布局"选项卡,在"单元格大小"组的行高和列宽文本框中调整数值即可完成设置,如图 3-61 所示。

图 3-61 调整行高和列宽

另外,还可以在表格的属性对话框中设置表格的行高和列宽,具体操作如下:

选中表格,在表格区域单击鼠标右键,在弹出的快捷菜单中选择"表格属性",或者在"表格工具 布局"选项卡的"表"组中单击"属性"按钮,然后在弹出的"表格属性"对话框中选择"行"或者"列"的选项卡进行设置,如图 3-62 所示。

图 3-62 "表格属性"对话框

5．擦除单元格和删除表格

使用鼠标左键单击表格的任意区域,切换到"表格工具 设计"选项卡,在"绘图边框"组中单击"擦除"按钮。此时,按钮会处于高亮显示状态,同时鼠标会变成一个橡皮擦样式,移动到需要删除的单元格位置,依次单击单元格的边线,就可以将该单元格删除。

如果用户觉得文档中表格没有用处了,可以很简单地将其删除。在 Word 2010 中,删除表格之前首先要确保当前视图模式为页面视图,然后选中整个表格或将光标移动到表格中任意位置,切换到"表格工具 布局"选项卡,在"行和列"组中单击"删除"按钮,在弹出的列表中选择"删除表格"即可完成操作,如图 3-63 所示。

如果想要针对某行、某列或者单元格进行删除,只需将光标移动到相应位置单击图 3-63 所示的"删除"菜单中选项。

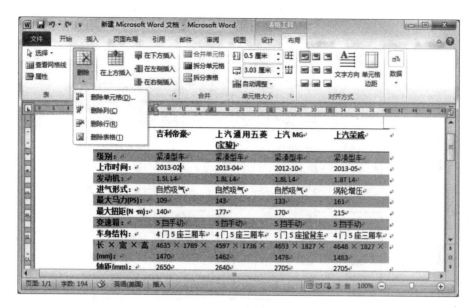

图 3 - 63　删除表格

3.5.4　表格的数据处理

Word 2010 中只支持简单的公式计算，要对数据进行复杂处理，就要使用 Excel 电子表格，将在第 4 章详细介绍。

1. 表格中公式的使用

用户可以借助 Word 2010 提供的数学公式运算功能对表格中的数据进行加、减、乘、除、求和、求平均值等常见运算。

在准备参与数据计算的表格中单击计算结果单元格。在"表格工具 布局"选项卡中，单击"数据"组中的"公式"按钮，如图 3 - 64 所示，系统会打开"公式"对话框，用户可以根据需要在"粘贴函数"下拉菜单中选择需要的函数，系统会自动将所选函数填入"公式"栏中。公式中括号内的参数包括四种，分别是左侧（LEFT）、右侧（RIGHT）、上面（ABOVE）和下面（BE-LOW），用户可根据计算的需要在这四种参数中进行选择并填写。此外，用户可以通过"编号格式"下拉列表框选择计算结果的表示方式。完成公式的编辑后单击"确定"按钮即可得到计算结果。

在"公式"栏中除了使用函数以外，还可以同 Excel 一样引用单元格方式进行计算。对于 Word 表格中的行用数字表示，列用字母表示（大小写均可），单元格可用 A1、B2 的形式进行引用。图 3 - 65 所示为单元格引用表示方式。

在函数中引用的单元格之间可用逗号分隔。例如求 A1、B2 及 A3 三者之和，公式栏中应填写为"＝SUM(A1,B2,A3)"。如果需要引用的单元格相连为一个矩形区域，则不必一一罗列单元格，此时可表示为"首单元格:尾单元格"。公式"＝SUM(A1:B2)"表示以 A1 为开始、以 B2 为结束的矩形区域中所有单元格之和。

2. 对表格数据进行排序

将光标移动到需要进行数据排序的表格中的任意单元格。在"表格工具布局"选项卡中单

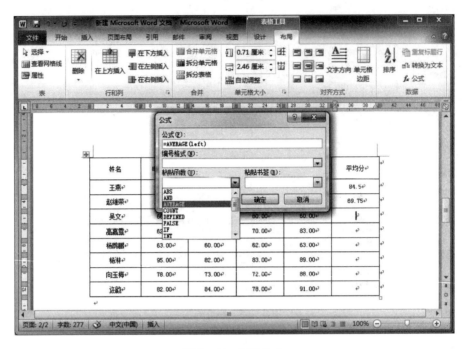

图 3-64　使用公式

击"数据"组中的"排序"按钮,系统会弹出如图 3-66 所示的"排序"对话框。用户可根据关键字和类型进行排序。

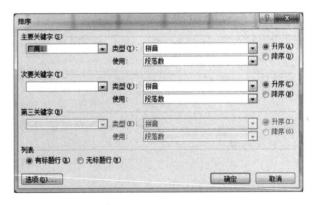

图 3-65　单元格引用表示方式　　　　图 3-66　"排序"对话框

3.6　对象的插入和编辑

3.6.1　图　片

1. 插入图片

在 Word 2010 中可以很轻松地把剪贴画中的图片或磁盘中的图片放到文档中,使文档看起来更美观。

（1）插入剪贴画

把插入点定位到需要插入剪贴画的位置。切换到"插入"选项卡,单击"插图"组中的"剪贴画"按钮系统会弹出如图 3 - 67 所示的"剪贴画"任务窗格。在"剪贴画"任务窗格"搜索文字"文本框中输入搜索关键字(如计算机),在任务窗格中即可得到相关的结果图片。在搜索结果中单击搜索到的剪贴画,即可将剪贴画插入到文档中。

图 3 - 67　"剪贴画"任务窗格

（2）插入图片文件

把插入点定位到需要插入图片的位置。切换到"插入"选项卡,单击"插图"组中的"图片"按钮,在弹出来的"插入图片"对话框中单击准备插入的图片,再单击"插入"按钮或者直接双击准备插入的图片即可完成外部图片的插入工作。

2. 编辑图片

如果图片插入得合适,图片或剪贴画可以显著地提高文档的质量,但如果插入得不合适将会使文档结构变乱,这时需要对图片进行编辑修改。Word 2010 为用户提供了强大的图片编辑工具,使用户可以对图片的编辑达到满意的效果。

（1）调整图片大小

手动调整图片尺寸:单击图片,即选中了该图片。图片被选中后,在四周会出现一些控制点。拖动控制点,可以改变图片的形状和大小。

精确设置图片大小:单击图片,系统会出现"图片工具 格式"选项卡,在"大小"组的"形状高度"和"形状宽度"文本框中输入数值可以精确地设置图片的大小。

裁剪图片:单击"图片工具 格式"选项卡的"大小"组中的"裁剪"按钮,在弹出的列表中选择相应的选项可以以自由裁剪、按形状裁剪、按纵横比裁剪等方式进行图片的调整。

（2）调整图片的排列

图片位置的设置:单击"图片工具 格式"选项卡的"排列"组中"位置"按钮,在弹出的列表中可以设置图片在文本中文字的环绕方式,如图 3 - 68 所示。可供选择的文字环绕方式包括"顶端居左,四周型文字环绕""顶端居中,四周型文字环绕""顶端居右,四周型文字环绕""中间居左,四周型文字环绕""中间居中,周型文字环绕""中间居右,四周型文字环绕""底端居左,四周型文字环绕""底端居中,四周型文字环绕""底端居右,四周型文字环绕"九种方式。

如果用户希望设置更丰富的文字环绕方式,则可以在"排列"组中单击"自动换行"按钮,在打开的菜单中选择合适的文字环绕方式。

图片和文字的层次关系:在"排列"组中单击"自动换行"按钮,弹出的选项中可以将文字衬于文字上方或下方。除此之外,还可以通过"排列"组中"上移一层"和"下移一层"来调整图片和文字间的层次关系。

图片对齐方式:切换到"图片工具 格式"选项卡,单击"排列"组中"对齐"按钮,在弹出的选项中可以设置图片的对齐方式。

图片的旋转:切换到"图片工具 格式"选项卡,单击"排列"组中"旋转"按钮,在弹出的选项

图 3 - 68   设置文字环绕方式

中可以对图片进行向右旋转 90°、向左旋转 90°、垂直翻转、水平翻转等操作。如果以上选项不能满足要求,可以单击"其他旋转选项"打开"布局"对话框,进行更加细致的调整,如图 3 - 69 所示。

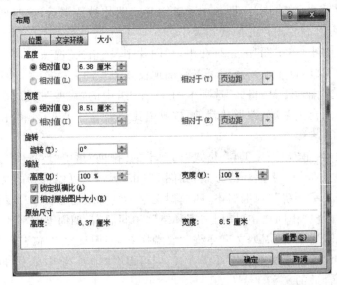

图 3 - 69   "布局"对话框

(3) 调整图片效果

Word 2010 所提供的调整图片效果的功能包括删除背景、锐化和柔化、调整亮度和对比度、改变图片艺术效果、压缩图片、更改图片、重设图片等。

删除背景:切换到"图片工具 格式"选项卡,单击"调整"组中的"删除背景"按钮,系统工作区会变为图 3 - 70 所示,用户可根据需求使用标记工具标记需要保留或删除的区域,最后单击

"保留更改"按钮完成操作。

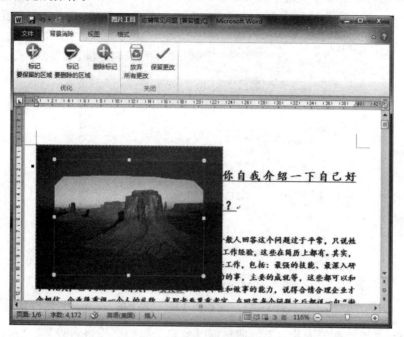

图 3 - 70 删除背景

调整锐化和柔化、亮度和对比度：切换到"图片工具 格式"选项卡，单击"调整"组中的"更正"按钮，在弹出的功能列表中"锐化和柔化"栏下面分别列出了按照锐化和柔化的比例来修改图片的快速效果，如图 3 - 71 所示。将鼠标指针移到每个按钮上时，原图片会相应变换，如果满意某个效果，则直接用鼠标左键单击即可完成。同样，调整亮度和对比度方法也是类似。

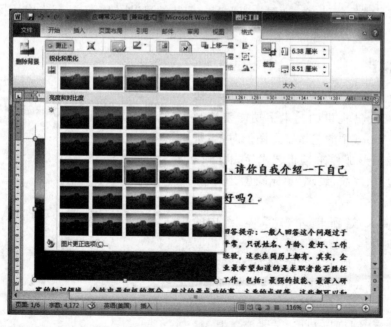

图 3 - 71 更正列表

如果在快速效果中没有找到合适的类型,则用户可以单击图3-71中菜单的"图片更正选项",打开如图3-72所示的"设置图片格式"对话框,对锐化和柔化、亮度和饱和度进行更加细致的调整。

图3-72 "设置图片格式"对话框

针对颜色、艺术效果等图片效果的调整可以参照上面的操作进行设置。"压缩图片"功能主要用于压缩完成了设置的图片大小;"更改图片"功能是更改当前的图片但是保留当前图片的格式和大小;"重设图片"功能是放弃对当前图片的格式更改。

(4)更改图片样式

更改图片样式主要是针对图片边框和图片效果的更改,在"图片工具 格式"选项卡的"图片样式"组中列出了常用的快速样式,用户可以在快速样式中方便地选择需要的效果。如果快速样式不能满足需求,可以单击"图片边框"和"图片效果"按钮在下拉列表中选择相应的选项进行调整。

3.6.2 艺术字

在编辑文档时,为了使标题更加醒目、活泼,可以应用 Word 提供的艺术字功能来绘制特殊的文字。Word 中的艺术字是图形对象,所以可以像对待图形那样来编辑艺术字,也可以给艺术字加边框、底纹、纹理、填充颜色、阴影和三维效果等。

切换到"插入"选项卡,单击"文本"组中的"艺术字"按钮会弹出艺术字库,从中选择相应的样式,如图3-73所示。此时,系统会增加一个"艺术字工具格式"选项卡,如图3-74所示。

在插入艺术字后,如果发现插入的艺术字和要求相差甚远,则可以利用"艺术字工具 格式"选项卡内的工具进一步对艺术字的颜色、线

图3-73 "编辑艺术字文字"对话框

图 3-74　插入艺术字

条、大小、版式、形状、字库、文字、字间距、排列方向、旋转角度等进行调整，直到达到满意的效果为止。

3.6.3　插入形状

用户可以利用 Word 2010 的插入形状功能插入线条、矩形、基本形状、箭头、流程图、标注、星与旗等常用形状以美化文本。

切换到"插入"选项卡，单击"插图"组中的"形状"按钮，在弹出的各类形状中选择一种需要的以后，鼠标指针会变成十字形，用户在需要插入形状的区域拖动鼠标即可插入。形状插入以后，会自动切换到"绘图工具 格式"选项卡，如图 3-75 所示。

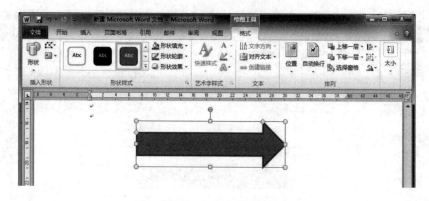

图 3-75　插入形状

如果对于形状的样式需要进行美化，则用户可以通过"形状样式"组中的"快速样式"进行编辑。如果快速样式无法满足用户需求，则可以通过"形状填充""形状轮廓"和"形状效果"三个菜单中的选项进行编辑。

3.6.4　插入 SmartArt 图形

Word 2010 新增了 SmartArt 图形功能，使 Word 拥有了全新的专业水准的图形可用，

SmartArt 取代了 Word 2003 的"插入图表"和"插入结构图"的功能。在使用 SmartArt 图形之前需要确保文档为新的文件格式,如果是以兼容模式打开的文档,需要单击"文件"菜单中的"转换"按钮将文档转换为新的文件格式。

将光标移动到需要插入 SmartArt 图形的位置,切换到"插入"选项卡,单击 SmartArt 按钮,在弹出来的"选择 SmartArt 图形"对话框中选择一种布局类型(见图 3-76),然后单击右下角的"确定"按钮即可完成 SmartArt 图形的插入。

插入 SmartArt 图形后,SmartArt 图形左侧会弹出文本窗格供用户输入文字,如图 3-77 所示。同时,系统会新增"SmartArt 工具设计"和"SmartArt 工具格式"两个选项卡来编辑插入的 SmartArt 图形。

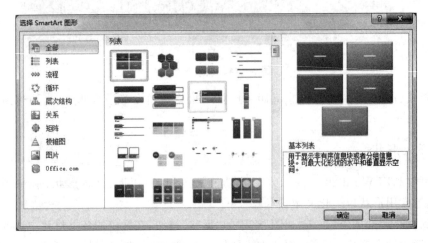

图 3-76 "选择 SmartArt 图形"对话框

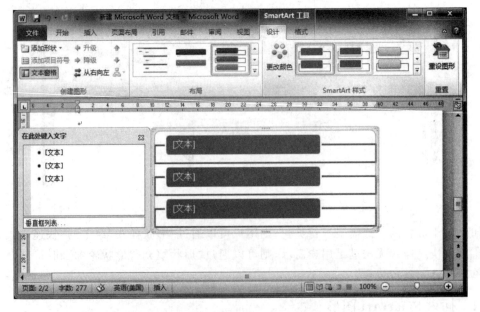

图 3-77 编辑 SmartArt 图形

3.6.5　屏幕截图

使用 Word 2010 向文档中插入屏幕截图非常方便,因为 Word 2010 有一个屏幕截图功能,这个功能会自动监视所有活动窗口,如图 3－78 所示。使用这个屏幕截图功能,可以随心所欲地将活动窗口截取为图片插入 Word 文档中。需要注意的是,在使用屏幕截图之前需要确保文档为新的文件格式,如果是以兼容模式打开的文档,则需要单击“文件”菜单中的“转换”按钮将文档转换为新的文件格式。

如果用户需要自己截图,则单击“屏幕截图”列表中的“屏幕剪辑”选项,鼠标会变成十字形状,同时当前编辑的文档会自动隐藏起来,用户利用鼠标拖动选择屏幕上的区域完成屏幕剪辑并自动插入到文档中。

图 3－78　屏幕截图功能

3.6.6　文本框

使用文本框的优点是可以很方便地将其放置到 Word 2010 文档页面的指定位置,而不必受到段落格式、页面设置等因素的影响。

1. 插入文本框

Word 2010 为用户准备了多种样式的文本框,切换到“插入”选项卡,在“文本”组中单击“文本框”按钮,在如图 3－79 所示的内置文本框面板中选择合适的面板即可将文本框插入到文档。除了使用内置文本框外,用户还可以在面板中选择“绘制文本框”和“绘制竖排文本框”选项自行绘制文本框。

2. 修改文字方向

在编辑 Word 文档时,文字都是水平的。当然,文本框也不例外,文字都是从左向右排列。如果用户想另类一点,Word 2010 提供了改变文本方向的功能。

图 3－79　插入文本框

打开一个含有文本框的文档,单击选中文本框。切换到“绘图工具 格式”选项卡,在“文本”组中单击“文字方向”按钮,在弹出的选项中选择一种文字排列方式即可更改文字方向,如图 3－80 所示。

除了通过文字方向选项对文本框中的文字方向进行选择外,还可以通过打开“文字方向-文本框”对话框进行设置,如图 3－81 所示。打开“文字方向-文本框”对话框有两种方式:一种是通过单击图 3－80 中的“文字方向”选项打开;另外一种是选中文本框单击鼠标右键,在弹出的菜单中选择“文字方向”选项。

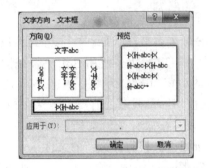

图 3-80 文字方向选择   图 3-81 "文字方向-文本框"对话框

3. 文本框链接

在使用 Word 2010 制作手抄报、宣传册等文档时,往往会通过使用多个文本框进行版式设计。通过在多个 Word 2010 文本框之间创建链接,可以在当前文本框中充满文字后自动转入所链接的下一个文本框中继续输入文字。

打开 Word 2010 文档窗口,并插入多个文本框。调整文本框的位置和尺寸,并单击选中第一个文本框。在打开的"绘图工具 格式"选项卡中,单击"文本"组中的"创建链接"按钮 创建链接,如图 3-82 所示。指针变为罐状指针,然后单击要链接到的文本框即可完成文本框的链接,与此同时"创建链接"按钮变成了"断开链接"按钮。如果要断开链接,则单击"断开链接"按钮即可。

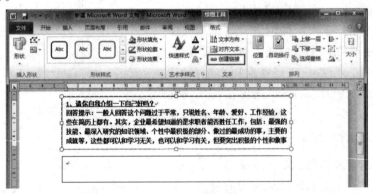

图 3-82 创建文本框链接

> 💡温馨提示
>
> 1) 被链接的文本框必须是空白文本框,如果被链接的文本框为非空文本框将无法创建链接。如果需要创建链接的两个文本框应用了不同的文字方向设置,则将提示用户后面的文本框将与前面的文本框保持一致的文字方向。如果前面的文本框尚未充满文字,则后面的文本框将无法直接输入文字。
>
> 2) 通过手绘的文本框创建链接时与插入文本框略有不同,切换到"文本框工具格式"选项卡,单击"文本"组中的"创建链接"按钮即可完成。

3.7　Word 2010 页面设置和打印

3.7.1　页面布局

1. 主题的应用

通过使用主题，用户可以快速改变 Word 2010 文档的整体外观，主要包括字体、字体颜色和图形对象的效果。如果是以兼容模式打开的文档，则无法使用主题，而必须将其转换为新格式才可以使用主题。

切换到"页面布局"选项卡，并在"主题"组中单击"主题"下三角按钮，在打开的下拉列表中选择合适的主题。当鼠标指向某一种主题时，会在 Word 文档中显示应用该主题后预览效果，单击选中的主题即可完成设置，如图 3-83 所示。如果希望将主题恢复到 Word 模板默认的主题，则可以在"主题"下拉列表中单击"重设为模板中的主题"按钮。

2. 更改文字方向

切换到"页面布局"选项卡，并在"页面设置"组中单击"文字方向"下三角按钮，在打开的下拉列表中选择合适的文字方向，如图 3-84 所示。

除了使用以上方法改变文字方向外，还可以使用同图 3-81 类似的"文字方向-主文档"对话框进行设置。打开"文字方向-主文档"对话框方法有两种：一种是单击图 3-84 菜单中的"文字方向"选项，另一种是单击鼠标右键，在弹出的快捷菜单中选择"文字方向"命令。

图 3-83　内置主题

图 3-84　更改文字方向

3. 设置页边距

通过设置页边距，可以使 Word 2010 文档的正文部分跟页面边缘保持比较合适的距离。这样不仅使 Word 文档看起来更加美观，还可以达到节约纸张的目的。在 Word 2010 文档中，设置页面边距有以下两种方式：

① 切换到"页面布局"选项卡，在"页面设置"组中单击"页边距"按钮，并在打开的常用页

边距列表中选择合适的页边距即可完成设置,如图 3-85 所示。

　　② 如果常用页边距列表中没有合适的页边距,则可以单击图 3-85 所示的页边距列表中的"自定义边距"选项,在打开的"页面设置"对话框的"页边距"选项卡中自定义页边距,如图 3-86 所示。

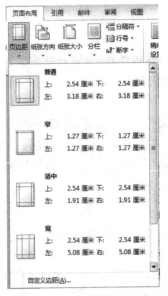

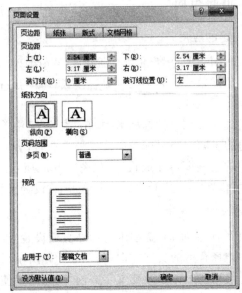

图 3-85　常用页边距列表　　　　图 3-86　"页面设置"对话框

小窍门

双击屏幕左侧的垂直标尺的方式也能快速打开"页面设置"对话框。

---

4. 纸张设置

不同的纸张方向和大小会影响文档的整体布局效果,用户在排版和打印时也需要对纸张方向和大小进行设置。在 Word 2010 中可以很方便地设置纸张方向和大小。

(1) 纸张方向设置

切换到"页面布局"选项卡,在"页面设置"组中单击"纸张方向"按钮,弹出的列表中会显示纵向和横向两个选项,用户根据需要可进行选择。除此之外,还可以单击"页面设置"组右下角的箭头符号,在打开的"页面设置"对话框的"纸张方向"选项组中进行设置,如图 3-86 所示。

(2) 纸张大小设置

切换到"页面布局"选项卡,在"页面设置"组中单击"纸张大小"按钮,在弹出来的纸张大小下拉列表中选择一种纸张大小,如图 3-87 所示。如果在下拉列表中没有合适的纸张大小,则用户可以单击列表底端"其他页面大小"选项,打开"页面设置"对话框的"纸张"选项卡进行纸张大

图 3-87　纸张大小的设置

小的设置。

5. 分栏显示

所谓分栏就是将 Word 2010 文档全部页面或选中的内容设置为多栏,从而呈现出报纸、杂志中经常使用的多栏排版页面。默认情况下,Word 2010 提供五种分栏类型,即一栏、两栏、三栏、偏左和偏右。

在 Word 2010 文档中选中需要设置分栏的内容。如果不选中特定文本,则为整篇文档或当前节设置分栏。切换到"页面布局"选项卡,在"页面设置"组中单击"分栏"按钮,用户可以根据实际需要在弹出的分栏列表中选择合适的分栏类型。

如果下拉列表选项中的分栏方式不能满足用户的需求,则可以单击列表底部"更多分栏"选项,在弹出的"分栏"对话框中设置分栏属性,如图 3-88 所示。

6. 页面背景设置

页面背景设置包括水印和页面颜色的设置,通过页面背景的设置可以使用户的文档变得美观实用。

(1) 水　印

通过插入水印,可以在 Word 2010 文档背景中显示半透明的标志(如机密、草稿等文字)。水印既可以是图片,也可以是文字。为了方便设置,Word 2010 内置有多种水印样式供用户选择。

切换到"页面布局"选项卡,在"页面背景"组中单击"水印"按钮,在弹出的水印面板中选择合适的水印即可完成设置,如图 3-89 所示。

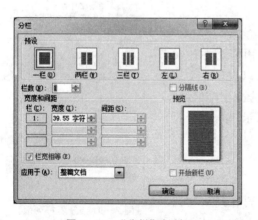

图 3-88　"分栏"对话框

图 3-89　设置水印

尽管 Word 2010 默认情况下内置有多种水印,但这些水印在很多情况下并不一定能满足用户的需要。用户可以根据实际需要在文档中插入文字或图片形式的自定义水印。单击图 3-89 所示水印弹出面板中的"自定义水印"选项,在打开的"水印"对话框中可进行文字或图片自定义水印的设置,如图 3-90 所示。

（2）页面颜色

设置页面颜色可以让用户的文档光彩夺目。切换到"页面布局"选项卡,在"页面背景"组中单击"页面颜色"按钮,在弹出来的下拉列表框中选择一种主题颜色即可完成页面颜色的设置。

如果主题颜色没有用户喜欢的,则可以单击下拉列表框中的"其他颜色"选项,在弹出的"颜色"对话框中选择一种颜色进行设置。如

图 3-90 "水印"对话框

果用户想让文档有更绚丽的效果,则可以单击"填充效果"选项,在弹出的"填充效果"对话框中设置渐变、纹理、图案、图片等页面背景效果。

7. 分隔符

Word 2010 的分隔符包括分页符和分节符两大类。

（1）分页符

分页符主要用于在文档的任意位置强制分页,使分页符后边的内容转到新的一页。使用分页符分页不同于 Word 文档自动分页,分页符前后文档始终处于两个不同的页面中,不会随着字体、版式的改变合并为一页。在编辑论文或书籍时,分页符可以确保章节标题总在新的一页开始。

将光标移动到需要插入分页符的位置,切换到"页面布局"选项卡,在"页面设置"组中单击"分隔符"会弹出如图 3-91 所示的列表,用户单击"分页符"选项即可完成设置。

除了以上操作可插入分页符外,还可通过切换到"插入"选项卡,单击"页"组中的"分页"按钮实现分页符的插入,也可使用 Ctrl＋Enter 快捷键完成分页符的插入。

（2）分栏符

如果 Word 文档设置了多个分栏,则文本内容会在使用完当前栏空间后自动转入下一栏显示。用户可以在任意文档位置(主要应用于多栏文档中)插入分栏符,使插入点以后的文本内容强制转入下一栏显示。如图 3-91 所示,单击"分栏符"即可完成插入操作。

（3）分节符

Word 2010 使用分节符分隔同一文档中不同的格式部分。事实上,大多数的文档只有一节。只有需要在同一文档中应用不同的节格式时,才需要创建包含多个节的文档。对

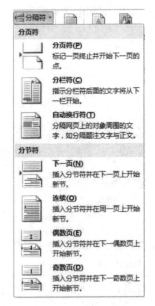

图 3-91 分隔符列表

于如下类型的格式变体来说,有必要应用不同的节:

① 页眉和页脚:包括了页面编号样式的改变(除"首页不同"设置外)。

② 脚注:可以设置为连续编号,或者设置为每页重新编号或每节重新编号。

③ 行号样式的改变:除了基于段落对行号的抑制。

④ 页边距:在同一节中,缩进可以不同,但是页边距是相同的。

⑤ 纸张方向:横向或纵向(实际上是通过纸张大小完成的)。

⑥ 纸张大小:不同大小的纸张。

⑦ 纸张来源:上层纸盒、信封进纸、手动进纸等。

⑧ 分栏:按新闻样式分栏,在文档的同一节中栏数必须相同。

将光标定位到准备插入分节符的位置,然后切换到"页面布局"选项卡,在"页面设置"组中单击"分隔符"按钮。在打开的分隔符列表中,"分节符"区域列出四种不同类型的分节符(见图 3-91)。使用什么样的分节符取决于要分节的理由。

① 下一页:使新的一节从下一页开始。

② 连续:使当前节与下一节共存于同一页面。由于并不是所有类型的格式都能共存于同一页面,所以即使选择了"连续",Word 有时也会迫使不同格式的内容从新的一页开始。

③ 偶数页:使新的一节从下一个偶数页开始。如果下一页是奇数页,那么此页将保持空白(除非它包含页眉、页脚内容或水印)。

④ 奇数页:使新的一节从下一个奇数页开始。如果下一页是偶数页,那么此页将保持空白(除非它包含页眉、页脚内容或水印)。

如果需要删除分节符,则需要首先显示编辑标记。用户可以单击"开始"选项卡的"段落"组中的"显示/隐藏编辑标记"按钮 ↲ (或使用 Ctrl+ * 快捷键)显示编辑标记,然后直接删除分节符即可。

3.7.2　页眉和页脚

页眉和页脚上通常包括书名、日期、页码等。看上去,页眉和页脚是处于每个页面的上下页边距中的区域,但并非完全如此,在 Word 2010 中,页眉和页脚是文档中独立的层,通常在文本区后面。它们通常出现在页面的顶部或者底部,但那只是惯例。在页眉或页脚区,文字和图形可放置于页面的任何位置。这意味着除了标题、页码、日期和其他必需的少量信息外,页眉和页脚也能包含如水印、图片内容等。

需要指出的是,实际上页眉和页脚不是插入到文档中的,而是从一开始就已经存在的。当"插入"页眉或页脚时,实际上什么也没有做。相反,只是使用已经存在的但以前为空或不用的内容。

当用户处在"页面视图"模式编辑文档时,所有页眉和页脚层中的文字通常以灰色文字显示在顶部、底部或页面侧边。要访问这些区域,双击要编辑的区域,这时页眉和页脚就会显示出来。

1. 插入页眉和页脚

切换到"插入"选项卡,在"页眉和页脚"组中单击"页眉"选项,在弹出的"内置"列表中选择一种样式即可完成页眉的插入,如图 3-92 所示。如果内置样式不能满足用户需求,则可以单击"编辑页眉"按钮进入页眉编辑模式自行编辑页眉。

插入页脚方法与页眉类似,单击"页脚"选项,在弹出的"内置"列表中选择一种样式即可完成页脚的插入。

2. 不同节之间使用不同页眉和页脚

默认情况下,添加一个新节时,它的页眉或页脚会继承上一节页眉和页脚的属性。文档中不同的节可以有不同的页眉和页脚。双击页眉或页脚区域进入编辑模式,切换到"页眉和页脚

工具 设计"选项卡,在"导航"组中的"链接到前一条页眉"按钮默认为选中状态,如图3-93所示。在该状态下后一节的页眉和页脚会自动继承前一节的页眉和页脚的属性。

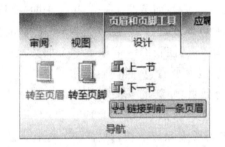

图3-92 页眉内置列表　　　　　　图3-93 "链接到前一条页眉"按钮

要使不同节之间使用不同的页眉和页脚,只要单击"链接到前一条页眉"按钮取消其选中状态,然后重新编辑本节页眉和页脚即可实现。

值得注意的是,任意一节的页眉和页脚都有单独的"链接到前一条页眉"设置。所有新创建的节最初都开启了"链接到前一条页眉"设置。

3. 首页、奇数页、偶数页使用不同的页眉或页脚

在篇幅较长或比较正规的 Word 2010 文档中,往往需要在首页、奇数页、偶数页使用不同的页眉或页脚,以体现不同页面的页眉或页脚特色。要实现这个目的很简单,现以页眉为例,具体操作步骤如下所述。

首先,切换到"插入"选项卡。在"页眉和页脚"组中单击"页眉"按钮,并在打开的页眉面板中选择"编辑页眉"命令,进入页眉编辑模式。其次,切换到"页眉和页脚工具 设计"选项卡,选中"选项"组中的"首页不同"和"奇偶页不同"复选框。最后,用户即可对每节的首页页眉以及奇偶页的页眉设置不同内容。

4. 页眉或页脚的页边距

在 Word 2010 文档中,页眉与页面顶端的距离默认为 1.5 cm,页脚与页面底端的距离默认为 1.75 cm。用户可以根据实际需要,调整页眉或页脚与页面顶端或底端的距离。

双击或者通过页眉(页脚)面板中"编辑页眉(页脚)"命令进入页眉(页脚)编辑模式,用户可以在"页眉和页脚工具 设计"选项卡"位置"组中编辑"页眉顶端距离"栏和"页脚底端距离"栏的数据来改变页眉和页脚的边距。

5. 插入页码

默认情况下,在 Word 2010 文档中插入的页码是未做任何修饰的阿拉伯数字样式。为了

使 Word 文档更美观,用户可以在 Word 页码样式库中插入多种样式的页码。切换到"插入"选项卡,在"页眉和页脚"组中单击"页码"会弹出如图 3-94 所示的页码样式列表。在列表的各个子菜单中,用户可以按实际需求选择一种样式完成页码的插入。除了预设的样式外,用户还可以单击"设置页码格式"选项打开"页码格式"对话框自行设置页码格式,如图 3-95 所示。

图 3-94 页码样式列表

图 3-95 "页码格式"对话框

3.7.3 打印设置

当用户编辑完文档需要打印时,单击"文件"菜单中的"打印"选项,可以在弹出的打印设置面板中对文档打印时的各类属性进行设置。如图 3-96 所示,标注出了打印设置面板中各类

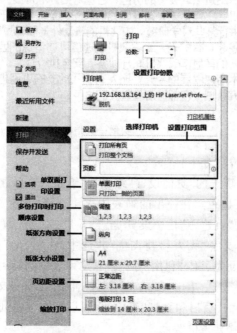

图 3-96 打印设置面板

打印属性的设置区域。在打印设置面板右侧会显示文档的打印预览,用户可以调节右下角的缩放控制杆进行打印效果的缩放查看。当所有打印属性设置完成后,用户单击面板中的"打印"按钮即可完成文档的打印。

3.8 文本编辑实例

以下通过几个实例对 Word 2010 的具体应用进行说明。

3.8.1 实例一

将如图 3-97 所示的文档内容进行如下编辑:

① 将文档的页面设置为 16 开,上、下、左、右边距均设为 2 cm,装订线为 0.5 cm。

② 为文档添加一个上标题:无人驾驶飞机,字体设为黑体、加粗、三号、倾斜、居中对齐。

③ 为文档设置页眉:无人驾驶飞机。

④ 设置正文第一段首字下沉 2 行、隶书。

⑤ 设置正文第一段段后间距为 0.5 行,第二段行间距为 1.5 倍,字体为黑体、小四号,颜色设置为浅蓝色。

⑥ 将正文第二段分为两栏。

⑦ 将正文最后一段文字添加浅绿色底纹。

　　无人驾驶战斗机——目前正在大力发展中。在飞行过程中它可被随时和即时遥控,即进行所谓"实时遥控"。它所担负的主要任务是空中格斗,但其中有的也可在空中发射导弹、投放鱼雷和炸弹。任务完毕可以回收。这种无人驾驶飞机的研制是由于有人驾驶的战斗机成本太高,以及避免驾驶员的伤亡。它也可更好地提高飞机作战的制动性。

　　其他无人驾驶飞机——包括无人驾驶研究机、无人驾驶电子干扰机和无人驾驶假目标机等。前者专用于进行某些科学研究,如飞机的气动外形和机翼剖面形状的实验研究,动力装置的飞行实验等等。有的无人驾驶飞机的速度可达音速的四倍。后者则用来干扰对方的雷达,保护己方的其他作战飞机躲开侦察,安全执行任务。

　　总之,在航空技术高速发展的今天,无人驾驶飞行器的功用越来越大,无论是在军事上,还是在科学研究领域,它都扮演着重要的角色。

图 3-97　实例一文档内容

完成实例要求的具体操作如下:

① 单击"页面布局"选项卡的"页面设置"组中的"纸张大小",在弹出的列表中选择 16 开;单击"页面设置"组中的"页边距",在弹出的列表中末尾选择"自定义边距"打开"页面设置"对话框,在"页边距"选项卡的"页边距"栏中设置"上""下""左""右"为 2 cm,装订线为 0.5 cm。

② 在正文前插入一行文字"无人驾驶飞机"并选中,在"开始"选项卡的"字体"组中通过"字体"下拉列表框将字体设为黑体,利用"字号"下拉列表框将字号设为三号,单击"加粗"和"倾斜"按钮设置加粗、倾斜效果,单击"段落"组中的"居中"按钮将文字居中对齐。

③ 单击"插入"选项卡的"页眉和页脚"组中的"页眉",在下拉列表中选择"编辑页眉"进入页眉编辑模式,输入"无人驾驶飞机"。

④ 选择正文中第一段的第一个字,在"开始"选项卡的"字体"组中设置字体为"隶书";单击"插入"选项卡的"文本"组中的"首字下沉",在弹出的下拉列表中选择"首字下沉"选项,打开"首字下沉"对话框,在"位置"栏中选择"下沉",设置"下沉行数"为 2。

⑤ 将光标移动到正文第一段中,单击"开始"选项卡的"段落"组右下角箭头打开"段落"对话框,将"间距"栏中的"段后"设置为 0.5 行;将光标移动到正文第二段,单击"开始"选项卡的"段落"组右下角箭头打开"段落"对话框,在"行距"栏的下拉列表中选择"1.5 倍行距"。选中第二段文字,在"开始"选项卡的"字体"组中将字体设置为黑体,字号设置为小四号,在"字体颜色"下拉列表框中设置字体颜色为浅蓝色。

⑥ 选中第二段文字,单击"页面布局"选项卡的"页眉设置"组中的"分栏"按钮,在弹出的下列表中选择"两栏"。

⑦ 选中最后一段文字,单击"开始"选项卡的"段落"组中"底纹"下三角按钮,在弹出列表中选择"浅绿色"。

3.8.2　实例二

将如图 3-98 所示的文档内容进行如下编辑:

① 将第一段文字设置为楷体四号,蓝色,字符间距加宽 2 磅,行距 17 磅。

② 将第二段文字设为仿宋小四号,悬挂缩进 2 字符,行距 21 磅。

③ 将第三至第五段分成两栏,第一栏为 14 个字符并添加分栏线。

④ 第六段首字下沉 2 行并加黄色底纹。

⑤ 增加水印"实验室的环境要求"为红色半透明,字体为华文行楷。

⑥ 在正文后部的前后两个小括号中分别插入公式: $y = ax^2 + bx + c$ 和 $\left(-\dfrac{b}{2a}, \right.$ $\left. \dfrac{4ac - b^2}{2a} \right)$。

⑦ 将正文最后 7 行转换成表格,并利用公式计算出每门课的平均成绩。

完成实例要求的具体操作如下:

① 选中第一段文字,在"开始"选项卡的"字体"组中的"字体"和"字号"下拉列表框中分别设置字体为楷体,字号为四号,在"字体颜色"下拉列表框中选择蓝色;单击"字体"组右下角的箭头打开"字体"对话框,切换到"高级"选项卡,在"字符间距"栏的"间距"选项中选择"加宽",将"磅值"设置为 2 磅;单击"段落"组右下角的箭头符号打开"段落"对话框,在"间距"栏的"行距"列表中选择"固定值",将"设置值"设为 17 磅。

② 选中第二段文字,在"开始"选项卡的"字体"组中的"字体"和"字号"下拉列表框中分别设置字体为仿宋,字号为小四号;单击"段落"组右下角箭头打开"段落"对话框,在"特殊格式"下拉列表框中选择"悬挂缩进","磅值"设置为 2 字符;在"间距"栏的"行距"列表中选择"固定值",将"设置值"设为 21 磅。

③ 选中第三至第五段内容,单击"页面布局"选项卡的"页面设置"组中的"分栏"按钮,在弹出的列表中选择"更多分栏",在打开的"分栏"对话框中"栏数"设置为 2,选中"分隔线"复选框,去掉"栏宽相等"复选框的勾选,将栏 1 的宽度设置为 14 个字符。

④ 选中第六段的第一个字,在"开始"选项卡的"段落"组中单击"底纹"下三角按钮,在弹

在实验室内,太阳辐射热、人工照明、人员身体的散热和计算机及设备所发出的热量,构成实验室温度的总和。其中机器的发热量最大,是实验室内的主要热源。

温度对计算机工作是有很大影响的。温度过高,会使集成电路内离子的扩散或漂移加剧,电子运动速度加快,使穿透电流成倍增大,温度进一步升高,如此循环将会引起热击穿,造成电子元器件的损坏。据统计,一般当器件周围的温度大约超过65℃时,器件会失灵,计算机就会发生故障。在规定的室温范围内,温度每升高10℃,计算机的可靠性就要降低25%。而温度过低,机械部件(如磁盘驱动器)工作会出现不稳定。

目前,国内外对计算机实验室温度没有统一标准,一般定为(21±3)℃。实验室的温度控制是通过空调机来实现,在夏季实验室温度可以偏高一些,在冬季实验室温度则可调低一些。

在实验室内,太阳辐射热、人工照明、人员身体的散热和计算机及设备所发出的热量,构成实验室温度的总和。其中机器的发热量最大,是实验室内的主要热源。

温度对计算机工作是有很大影响的。温度过高,会使集成电路内离子的扩散或漂移加剧,电子运动速度加快,使穿透电流成倍增大,温度进一步升高,如此循环将会引起热击穿,造成电子元器件的损坏。据统计,一般当器件周围的温度大约超过65℃时,元件会失灵,计算机就会发生故障。在规定的室温范围内,温度每升高10℃,计算机的可靠性就要降低25%。而温度过低,机械部件(如磁盘驱动器)工作会出现不稳定。

目前,国内外对计算机实验室温度没有统一标准,一般定为(21±3)℃。实验室的温度控制是通过空调机来实现,在夏季实验室温度可以偏高一些,在冬季实验室温度则可调低一些。

求方程( )的顶点坐标,可得顶点坐标为( )

姓名	测验1	测验2	测验3	测验4
沈一丹	87	76	79	90
刘力国	92	76	94	95
王红梅	96	78	90	87
张灵芳	84	88	87	88
杨帆	76	68	55	85
每门课程分均分				

图 3-98 实例二文档内容

出的列表中选择黄色;单击"插入"选项卡的"文本"组中的"首字下沉",在弹出的列表中选择"首次下沉选项"打开"首字下沉"对话框,在"位置"栏中选择"下沉",设置"下沉行数"为2。

⑤ 切换到"页面布局"选项卡的"页面背景"组,单击打开"水印"列表,选择"自定义水印"选项,在打开的"水印"对话框中选择"文字水印",在"文字"栏中输入"实验室的环境要求",选择"颜色"为红色,选中"半透明"复选框,在"字体"栏中将字体设为"华文行楷"。

⑥ 将光标移到需要插入公式的括号中,切换到"插入"选项卡,单击"符号"组中的"公式"按钮,在弹出的下拉列表中选择"插入新公式"进入到公式编辑状态,切换到"公式工具 设计"选项卡,在"符号"组中选择公式中的相关符号,有特殊结构的公式可以在"结构"组中选择相应的结构样式进行输入。

⑦ 选中正文最后7行内容,单击"插入"选项卡的"表格"组中的"表格"按钮,在弹出的列表中选择"文本转换成表格",在弹出的"将文字转换成表格"对话框中做出相应选择后单击"确认"按钮完成转换;将光标移动到计算平均分的某一表格中,切换到"表格工具 布局"选项卡,单击"数据"组中的"公式"按钮,在弹出的"公式"对话框中删除"公式"栏中已有的公式,在"粘贴函数"下拉列表框中选择"AVERAGE",在"公式"栏中自动出现的"AVERAGE"函数括号中输入"ABOVE",单击"确认"按钮完成计算。

思考与练习

一、判断题

1. 在 Word 2010 环境下进行列块选择的步骤是:先将光标定位到需要选择的行列的首位置,然后将鼠标移动到需要选择的行列的尾位置,再按住 Alt＋Shift 快捷键后单击鼠标左键。(   )

2. 在 Word 2010 环境下,要格式化正在编辑的文件,首先要"选择"需要格式化的文字,然后发出格式化命令,整个文件就格式化好了。(   )

3. 在 Word 2010 环境下,选择栏是文档右页边的一个未标记列,当鼠标从文档移动到选择栏时,它从竖线变为一个箭头。(   )

4. 在 Word 2010 环境下,制表符提供使文字缩排和垂直对齐的一种方法。用户按一下空格键就在文档中插入一个制表符。(   )

5. 在 Word 2010 环境下,使用工作区上方的标尺可以很容易地设置页边界。(   )

6. 字号越大,表示的字越小。(   )

7. 在 Word 2010 环境下,用户可以建立新模板以适合特定的字处理需要。(   )

8. 新样式名称可以与 Word 2010 提供的已有的常见样式名称重复。(   )

9. Word 2010 中的段落格式与样式是同一个概念的两种说法。(   )

10. Word 2010 提供了保护文档的功能,用户可以为文档设置保护口令。(   )

11. 在 Word 2010 环境下,欲打开非 Word 格式的文件,可在"打开"对话框中的文件类型栏中选择"所有文件"。(   )

12. 在 Word 2010 环境下,如果想移动或复制一段文字必须通过剪贴板。(   )

13. 除了菜单栏的下拉式菜单外,Word 2010 还提供单击鼠标右键获得快捷菜单的方法。(   )

14. 在 Word 2010 环境下,使用"替换"可以节约文本录入的时间。(   )

15. 对于插入的图片,只能是图在上,文在下,或文在上,图在下,不能产生环绕效果。(   )

16. 创建的模板的文件名必须以 dot 为扩展名。(   )

17. 主文档实际上是包含在每一份合并结果中的那些相同的文本内容。(   )

18. 任何时候对所编辑的文档存盘,Word 2010 都会显示"另存为"对话框。(   )

19. 在 Word 2010 环境下,文档的脚注就是页脚。(   )

20. 在 Word 2010 环境下,要改变当前段所有行的缩排,可将"所有行缩排"图标拖到适当的位置。(   )

21. 在 Word 2010 环境下,如想使打印文件的大小改变,则应该进行页面设置。(   )

22. Word 2010 的自动更正功能可以由用户进行扩充。(   )

23. 在 Word 2010 环境下,改变文档的行间距操作前如果没有执行"选择",改变行间距操作后,整个文档的行间距就设定好了。(   )

24. 在 Word 2010 环境下,文档中的字间距是固定的。(   )

25. 使用 Word 2010 进行文档编辑时,单击"关闭"按钮后,如果有尚未保存的文档,则

Word 2010 会自动保存后再退出。( )

26. 当打开了现有的数据源或建立了新数据源后,数据源文件就会和主文档文件连接在一起。( )

27. 合并数据源和主文档时,Word 2010 将用数据源中相应域的信息替换主文档中合并域。( )

28. Word 2010 为用户提供的各种向导是标准化的文档生成器,启动特定的向导后,用户只需完成几个对话,就可创建一个漂亮的、标准化的空白文档。( )

29. Word 2010 可以将声音等其他信息插入在文本中,使文章真正做到有"声"有"色"。( )

30. 在 Word 2010 环境下,改变上下页边界将改变页眉和页脚的位置。( )

31. Word 2010 中文件的打印只能全文打印,不能有选择地打印。( )

32. 用"格式"工具栏可以快速建立样式。首先选定要建立样式的段落,然后单击"格式"工具栏上的"样式"文本框,从中输入新名字。( )

33. 在 Word 2010 环境下,被删除了的一段文字无法再恢复,只能重新输入。( )

二、单项选择题

1. Word 2010 第一次保存文件,将出现"( )"对话框。
   A. 保存　　　　　B. 全部保存　　　　　C. 另存为　　　　　D. 保存为

2. 在 Word 2010 窗口工作区中,闪烁的垂直光条表示( )。
   A. 光标的位置　　B. 插入点　　　　　C. 键盘位置　　　　D. 鼠标位置

3. 选择 Word 2010 表格中的一行或一列以后,( )就能删除该行或该列。
   A. 按空格键　　　　　　　　　　　B. 按 Ctrl+Tab 组合键
   C. 单击"剪切"按钮　　　　　　　　D. 按 Insert 键

4. 在 Word 环境下,粘贴正文的一部分到另一个位置时,下列说法正确的是( )。
   A. 选择要移动的正文,再用 Ctrl+X
   B. 选择要移动的正文,再用 Ctrl+V
   C. 选择要移动的正文,再用 Ctrl+C
   D. 选择要移动的正文,用 Ctrl+X,移动光标到粘贴的位置再用 Ctrl+V

5. 当编辑具有相同格式的多个文档时,方便、快捷的是使用( )。
   A. 样式　　　　　B. 向导　　　　　C. 联机帮助　　　　D. 模板

6. 在 Word 2010 编辑窗口中,要将插入点移到文档末尾可用( )。
   A. Ctrl+End　　B. End　　　　　C. Ctrl+Home　　D. Home

7. 在 Word 2010 中,鼠标指针位于文本区( )时,将变成指向右上方的箭头。
   A. 右边的文本选定区　　　　　　　B. 左边的文本选定区
   C. 方的滚动条　　　　　　　　　　D. 上方的标尺

8. 在 Word 环境下,在选择一段文本以后,不可以进行( )操作。
   A. 块删除　　　　　B. 块复制　　　　　C. 块粘贴　　　　　D. 块存盘

9. 在 Word 2010 环境下,可以利用( )很直观地改变段落缩进方式,调整左右边界。
   A. 菜单栏　　　　　B. 工具栏　　　　　C. 格式栏　　　　　D. 标尺

10. 在 Word 环境下,Word 应用软件可以打开( )。

  A. 只能打开一个文件　　　　　　　B. 可以打开文本文件和系统文件

  C. 可以同时打开多个文件　　　　　D. 最多打开五个文件

11. 在 Word 环境下,Word 在保存文件时自动增加的扩展名是(　　　)。

  A. txt　　　　　　B. doc　　　　　　C. sys　　　　　　　D. exe

12. 在 Word 2010 环境下,查找操作(　　　)。

  A. 可以无格式或带格式进行,还可以查找一些特殊的非打印字符

  B. 只能带格式进行,还可以查找一些特殊的非打印字符

  C. 搜索范围只能是整篇文档

  D. 可以无格式或带格式进行,但不能用任何通配符进行查找

13. Word 2010 的文档中可以插入各种分隔符,以下一些概念中错误的是(　　　)。

  A. 默认文档为一个"节"。若对文档中间某个段落设置过分栏,则该文档自动分成了三个"节"

  B. 在需要分栏的段落前插入一个"分栏符",就可对此段落进行分栏

  C. 文档的一个节中不可能包含不同格式的分栏

  D. 一个页面中可能设置不同格式的分栏

14. 选择 Word 2010 表格中的一行或一列以后,(　　　)就能删除该行或该列中的文本内容。

  A. 按空格键　　　B. 按 Ctrl+Tab　　　C. 单击"剪切"按钮　　　D. 按 Delete 键

15. Word 2010 的"剪切"命令用于删除文本或图形,并将它放置到(　　　)。

  A. 硬盘上　　　　B. 软盘上　　　　C. 剪贴板上　　　　D. 文档上

16. 在 Word 2010 环境下,不可以对文本进行(　　　)。

  A. 左对齐操作　　B. 右对齐操作　　　C. 上对齐操作　　　D. 分散对齐操作

17. Word 2010 是(　　　)的文字处理软件。

  A. 编辑时屏幕上所见到的,就是所得到的结果

  B. 模拟显示看到的,才是可得到的结果

  C. 打印出来后,才是可得到的结果

  D. 无任何结果

18. 在 Word 2010 环境下,把一个已经打开的文件以新的名字存盘,起备份旧文件的作用,应选(　　　)命令。

  A. 自动保存　　　B. 保存　　　　　C. 另存　　　　　　D. 全部保存

19. 在 Word 环境下,为了处理中文文档,用户可以使用(　　　)键在英文和各种中文输入法之间进行切换。

  A. Ctrl+Alt　　　B. Shift+W　　　C. Ctrl+Shift　　　D. Ctrl+Space

20. Word 2010 不可以只对(　　　)改变文字方向。

  A. 表格单元格中的文字　　　　　　B. 图文框

  C. 文本框　　　　　　　　　　　　D. 选中的几个字符

21. 在 Word 2010 环境下,在文本中插入文本框(　　　)。

  A. 是竖排的　　　　　　　　　　　B. 是横排的

  C. 既可以竖排,也可以横排　　　　D. 可以任意角度排版

22. 在 Word 2010 中对表格进行拆分与合并操作时,(   )。

    A. 一个表格可拆分成上下两个或左右两个

    B. 对表格单元格的合并,可以左右或上下进行

    C. 对表格单元格的拆分要上下进行,合并要左右进行

    D. 一个表格只能拆分成左右两个

23. 在 Word 2010 环境下,如果用户在编辑文本时执行了错误操作,(   )功能可以帮助恢复原来的状态。

    A. 复制   B. 粘贴   C. 撤销   D. 清除

24. 在 Word 2010 环境下,在对选定的一段文本进行字体设置时,叙述正确的是(   )。

    A. 只能设置一种字体   B. 可以设置多种字体

    C. 不能改变字体设置   D. 字体的大小不可以改变

25. Word 2010"剪切"命令用于删除文本或图形,并将它放置到(   )。

    A. 硬盘上   B. 软盘上   C. 剪贴板上   D. 文档上

26. 一般情况下,输入了错误的英文单词时,Word 2010 会(   )。

    A. 自动更正   B. 在单词下加绿色波浪线

    C. 在单词下加红色波浪线   D. 无任何措施

27. 在 Word 2010 环境下,不可以对文本的字形设置(   )。

    A. 倾斜   B. 加粗   C. 倒立   D. 加粗并倾斜

28. 在 Word 2010 环境下,关于剪切和复制功能叙述不正确的是(   )。

    A. 剪切是把选定的文本复制到剪贴板上,仍保持原来选定的文本

    B. 剪切是把选定的文本复制到剪贴板上,同时删除被选定的文本

    C. 复制是把选定的文本复制到剪贴板上,仍保持原来的选定文本

    D. 剪切操作是借助剪贴板暂存区域来实现的

29. 在 Word 环境下,为了防止突然断电或其他意外事故,而使正在编辑的文本丢失,因此应设置(   )功能。

    A. 重复   B. 撤销   C. 自动存盘   D. 存盘

30. 在 Word 环境下,对文件命名时,叙述正确的是(   )。

    A. 文件名必须是 8.3 格式

    B. 文件名不可有空格

    C. 文件名中不可有中文字符

    D. "我的第一个文档.doc"是正确的文件名

31. Word 2010 要选定整个文档,可以将鼠标器指针移到文本选定区中任意位置,然后按住(   )键单击鼠标器左键。

    A. Esc   B. Shift   C. Ctrl   D. Alt

32. 在 Word 2010 环境下,使用剪贴板复制正文时(   )。

    A. 剪贴板的内容是不可改变的   B. 剪贴板上的内容只能使用一次

    C. 剪贴板上的内容可以多次使用   D. 剪贴板上的内容是另外一个文本文件

33. 在 Word 环境下,在使用查找功能时,如果选中了"查找单词的各种形式",假如输入查找的单词是"make",不会找到的单词是(   )。

A. make　　　　　B. made　　　　　　C. madder　　　　　D. making

34. 在 Word 环境下,"粘贴"的快捷键是(　　)。

　　A. Ctrl＋K＋V　　B. Ctrl＋K＋C　　　C. Ctrl＋V　　　　D. Ctrl＋C

35. 在 Word 环境下,分栏编排(　　)。

　　A. 只能运用于全部文档　　　　　　　B. 运用于所选择的文档

　　C. 只能排两栏　　　　　　　　　　　D. 两栏是对等的

36. Word 2010 要创建一个自定义词典,应使用(　　)。

　　A. "工具"菜单中的"词典"命令

　　B. "工具"菜单中的"选项"对话框的"拼写和语法"

　　C. "格式"菜单中的"选项"命令

　　D. "插入"菜单中的"选项"命令

37. 在 Word 2010 环境下,"复制"的快捷键是(　　)。

　　A. Ctrl＋K＋V　　B. Ctrl＋K＋C　　　C. Ctrl＋V　　　　D. Ctrl＋D

38. 在 Word 环境下,改变"间距"说法正确的是(　　)。

　　A. 只能改变段与段之间的间距　　　　B. 只能改变字与字之间的间距

　　C. 只能改变行与行之间的间距　　　　D. 以上说法都不成立

39. 在 Word 2010 环境下,如果对已有表格的每一行求和,则可选择的公式(　　)。

　　A. ＝SUM　　　　B. ＝SUM(LEFT)　　C. ＝SORT　　　　D. ＝QRT

40. 以下关于 Word 2010 打印操作的正确说法为(　　)。

　　A. 在 Word 2010 开始打印前可以进行打印预览

　　B. Word 2010 的打印过程一旦开始,在中途无法停止打印

　　C. 打印格式由 Word 2010 自己控制,用户无法调整

　　D. Word 2010 每次只能打印一份文稿

三、多项选择题

1. 关于 Word 2010 的打印预览,叙述正确的是(　　)。

　　A. 只有安装了打印机驱动程序,才能进行打印预览

　　B. 如果系统没有打印机,就不能使用打印预览

　　C. 在"打印预览"状态下,不能修改文件内容

　　D. 在"打印预览"状态下,可以对预览内容进行放大或缩小,以便观察输出结果

2. 在 Word 2010 中,快速建立表格的方法有(　　)。

　　A. 在格式栏中单击"插入表格"按钮

　　B. 在"常用"工具栏中单击"插入表格"按钮

　　C. 在菜单栏选"格式"

　　D. 在菜单栏选"表格",再选"插入表格"命令

3. 关于 Word 2010 使用的打印机,叙述正确的是(　　)。

　　A. 可以使用网络打印机

　　B. 只能使用本地打印机

　　C. 如果安装了多个打印机驱动程序,则必须指定"默认打印机"

　　D. "默认打印机"只能有一个

4.（　　）功能是 Word 2010 支持的。

    A. 把文件设置只读密码,防止他人修改　　B. 分栏

    C. 简单绘图(如直线,矩形等)　　D. 制表

5. Word 2010 合并单元格的操作可以完成（　　）。

    A. 行单元的合并　　B. 列单元的合并

    C. 行列共同合并　　D. 只能进行列的合并

6. 下面哪些说法是正确的（　　）。

    A. 正在被 Word 2010 编辑的文件是不能被删除的

    B. Word 2010 本身不提供汉字输入法

    C. Word 2010 会把最后打开的几个文件的文件名列在主菜单的"文件"子菜单中

    D. 带排版格式的 Word 2010 文件是文本文件

7. 关于 Word 2010 的"页面设置",叙述正确的是（　　）。

    A. 页面设置是为打印而进行的设置

    B. 在页面设置中,可以改变纸张大小、页边距等打印参数

    C. "页面设置"设置完毕后,屏幕上的页面视图会随之自动调整

    D. "页面设置"只对屏幕上的显示有效,并不影响打印输出

8. 关于 Word 2010 的光标操作,叙述正确的是（　　）。

    A. 下箭头键,使光标下移一行(假设当前行不是文件的最后一行)

    B. 上箭头键,使光标上移一行(假设当前行不是文件的最后一行)

    C. 左箭头键,使光标左移一个字符位置(假设当前位置不是本行的最开始位置)

    D. 右箭头键,使光标右移一个字符位置(假设当前位置不是本行的最后位置)

9. 关于 Word 2010 的快捷键,叙述正确的是（　　）。

    A. Ctrl+End 为把光标移动到文档最后位置

    B. Ctrl+Z 为撤销操作(即取消上次的操作)

    C. Ctrl+P 为打印快捷键

    D. Ctrl+Home 为把光标移动到文档起始位置

10. 用 Word 2010 的菜单进行操作时,可用的方法有（　　）。

    A. 用鼠标单击菜单项

    B. Ctrl 键和菜单项对应的字母键一同按下

    C. Alt 键和菜单项对应的字母键一同按下

    D. 不可用键盘

11. 关于 Word 2010 文件,叙述正确的是（　　）。

    A. 文档中行之间的距离是可以改变的

    B. 文档中一行上的文字允许有不同的字体和大小

    C. 可以将整个段落加上边框

    D. 段落文字可以具有不同的前景和背景颜色

12. Word 2010 复制所选文本的方法有（　　）。

    A. 单击工具栏的"剪切"按钮　　B. 利用"编辑"菜单中的"复制"命令

    C. 拖动鼠标到指定位置　　D. 按住 Ctrl 键拖动鼠标到指定位置

13. 关于 Word 2010 的文本框,叙述正确的是(　　　)。

　　A. 文本框内只能是文字、表格等,不能有图形图像

　　B. 文本框的边框是不能隐藏的

　　C. 在文档中,正文文字不能和文本框处于同一行

　　D. 文本框中的文字也允许有多种排版格式(如左对齐、右对齐等)

14. 退出 Word 2010,可以用的方法有(　　　)。

　　A. 单击 Word 2010 窗口右上角的"关闭"按钮

　　B. 单击 Word 2010 窗口右上角的"最小化"按钮

　　C. 从菜单中选择"退出"命令

　　D. 按下 Alt 键不放,同时按下 F4 键

15. 关于 Word 2010,叙述正确的是(　　　)。

　　A. 页布局显示方式　　　　　　　　B. 提纲显示方式

　　C. 常规显示方式　　　　　　　　　D. 虚拟显示方式

16. 关于 Word 2010,叙述正确的是(　　　)。

　　A. 可以查找与指定字符匹配的词(字)

　　B. 能把整个文件中所有的指定的字(词)进行全部替换成其他内容

　　C. 替换操作只能依次进行,逐个替换

　　D. 查找操作只能逐个查找,可以从光标位置向前,也可以向后查找

17. 关于 Word 2010 的表格,哪些是正确的(　　　)。

　　A. 一个单元格可以拆分为几个单元格

　　B. 任意单元格的边框线的线型(如细线、粗线、虚线)是可以改变的

　　C. 对表格的某列所有的单元格都拆分为横向的两个单元格就相当于对表格增加了
　　　一列

　　D. 单元格内的文字的字体、对齐方式都是不可改变的

18. 关于 Word 2010,叙述正确的是(　　　)。

　　A. Word 2010 可以进行拼写(英文)检查

　　B. Word 2010 可以进行语法(英语)检查

　　C. Word 2010 具有自动存盘功能,每隔一定时间自动存盘一次

　　D. 由于 Word 2010 具有自动存盘功能,所以被编辑的文件可以不存盘

四、填空题

1. 在 Word 2010 环境下,工具栏上的剪刀图形代表_____功能。

2. 在默认情况下,Word 2010 文档中的中文字体为_____。

3. 新建 Word 2010 文档的快捷键是 Ctrl+_____。

4. 在 Word 2010 中,利用水平标尺可以设置段落的_____格式。

5. 在 Word 2010 环境下,"表格和边框"工具栏中的"平均分布各行"的功能是将选定的行
或单元格的行高改为_____。

6. 在 Word 2010 环境下,如果想重复进行某项工作,则可用_____使其自动执行。

7. 要删除图文框,先选定图文框,然后按_____键(如有英文请写大写字母)。

8. 按 Ctrl+_____键可以把插入点移到文档尾部(请写大写字母)。

9. 在 Word 2010 环境下,热键_____能获得帮助。

实践训练　Word 操作

1. 在 Word 2010 中原样录入下列文字,保存到 D 盘根目录下,主文件名为"实训 3 - 1",扩展名默认。

好好活着。

从一个忧郁寡欢的人过渡到另一个陌生的我,有了点喜气和阳光的我,这其中变化的因素有谁又能知晓呢? 不过,我更喜欢现在的我,有了朝气。这个世界没有了谁日子还是一样的过。当我从颓废的低谷走出,才发现夏日的阳光这么耀眼夺目,人要有希望才有动力,要以积极向上的精神才能体会到活着的乐趣。"昂起头来,让阳光照着你,忧郁就没有了!"不信,你试试。

2. 打开上题所保存的文件"实训 3 - 1. doc",按下列要求进行排版后存盘。

① 标题设置:三号、黑体、红色、居中。

② 将正文文字设置为五号楷体、首行缩进 2 字符,1.5 倍行距。

③ 将正文复制一份作为第二段,并将正文第二段设置为竖排文本框,上下环绕。

④ 任意插入一张图片,设为"四周型"。

3. 用 Word 绘制如下表格:

学年度	2012—2013 学年度		2013—2014 学年度	
学期	第一学期	第二学期	第一学期	第二学期
课程	高等数学	多媒体	大学英语	网页制作
	软件工程	组成原理	数据库	操作系统
说明	以上四门课由张三教师负责实习工作。		以上四门课由李四教师负责实习工作。	

4. 将 A4 页面上的内容缩小打印在 16 开纸上(向老师说明过程即可)。

5. 在 Word 2010 中设置页面大小为 A4、横向,上下边距 2.5 cm、左边距 3 cm、右边距 2 cm,并设为默认。

6. 在 Word 2010 中原样录入下列文字,保存到 D 盘根目录下,主文件名为"实训 3 - 2",扩展名默认。

朋友

写下这两个字的时候,有一种凝重感。

以前对朋友的理解是志同道合、志趣相投的同类,颇有些梁山忠义堂上两肋插刀的味道;后来觉得朋友是组成社会关系网上的一个个交点,需要时纲举目张承上启下遮天揽月;再后来朋友就是一串电话号码了,就是彼此累了之后让一片片茶叶在同一杯水中一起舒展释放,数巡之后一起安逸平淡。

7. 打开上题所保存的文件"实训 3 - 2. doc",按下列要求进行排版后存盘。

① 标题设置:三号、黑体、红色、居中。

② 将正文文字设置为四号仿宋、首行缩进 2 字符,首字符下沉 2 行,1.5 倍行距。

③ 将正文复制一份作为第二段,并将正文第二段设置为横排文本框,上下环绕。

8. 在 D 盘根目录下建立文档"WDT12.doc",按照要求完成下列操作。

计算机科学系学生成绩表

姓名	大学语文	微机原理	操作系统	局域网组网	总分
王军	78.6	68	98	58	
李华	68	85.2	75	77	

① 将文档中所提供的表格设置成文字对齐方式为水平居中。

② 在表格的最后增加一列,设置不变,列标题为"平均成绩",计算各考生的平均成绩并插入相应单元格内,再将表格中的内容按"平均成绩"的递减次序进行排序,并以原文件名保存文档。

9. 在 C 盘的 ww 文件夹下建立一个 Word 文档,取名为 w1,并在文档中输入如下内容:

电子表格软件

微软公司办公自动化软件 Office 的重要成员之一是 Excel,其主要功能是能够方便地制作出各种电子表格。在其中可使用公式对数据进行复杂的运算、把数据用各种统计图表的形式表现得直观明了,甚至可以进行一些数据分析和统计工作。

① 把标题以下的正文复制 4 次,形成 5 段文字。

② 把标题设置为"标题 3"样式、红色、居中,并把标题中的"电子表格"4 个字的字符间距设置为加宽为 5 磅,加上波浪线;然后为整个标题添加 20% 的底线及 3 磅的阴影边框。

③ 把正文设置为宋体小四号字。第 1、2 段正文首先缩进 1 cm、段后间距设为 0.5 行,为第三段加上绿色的项目符号"➢"(宋体、四号字)。

将第 4、5 段文字一同分 3 栏,第一、二栏的栏宽分别为 8 个字符、12 个字符且首字下沉。

第 4 章　电子表格软件 Excel 2010

☞ **学习目标：**

◆ 掌握 Excel 工作簿创建、打开、保存的方法。

◆ 掌握工作表的浏览、重命名、插入、移动、复制、删除、标签着色等操作。

◆ 掌握在单元格中数据录入、编辑操作。

◆ 掌握单元格和单元格区域格式化操作。

◆ 熟悉数据排序、数据筛选、数据分类汇总、数据透视表等数据处理方法。

◆ 理解数据透视表。

◆ 熟悉柱形图、饼图、线型图等数据图表的制作。

◆ 掌握文档的页面设置、页眉/页脚的设置以及打印的方法。

4.1　Excel 2010 概述

4.1.1　Excel 2010 的功能

中文 Excel 是由 Microsoft 公司开发的一个十分流行且出色的电子表格处理软件。目前常用的版本有中文 Excel 2003、Excel 2007、Excel 2010、Excel 2013 和 Excel 2016。Excel 2010能方便地制作表格，有强大的计算能力，可方便地制作图表，能与外界交换数据，具备部分数据库功能，如排序、检索、分类汇总等。它不但可以用于个人事务的处理，而且被广泛地应用于财务、统计和分析等领域，具有强大的表格处理功能。

4.1.2　Excel 2010 运行环境

Excel 2010 可运行于操作系统 Windows XP/Windows 7。

4.1.3　Excel 2010 的启动和退出

1. Excel 2010 的启动

启动 Excel 2010 的方法很多，主要介绍以下三种：

➤ 用"开始"菜单启动 Excel 2010，如图 4-1 所示。单击"开始"菜单中的"程序"子菜单，选择"Microsoft Office"|"Microsoft Office Excel 2010"。

➤ 利用桌面上的快捷图标启动 Excel 2010。在桌面上建立 Excel 快捷方式图标，双击该图标，即可启动 Excel 2010。

➤ 使用已有的 Excel 文档打开 Excel。如果在"我的电脑"中存在 Excel 文档，则双击文档图标，即可打开选择的 Excel 文档。

2. 退　出

退出 Excel 工作窗口的方法很多，常用的有以下两种：

> 单击 Excel 2010 窗口中的"文件"菜单,选择"退
>   出"命令。
> 单击 Excel 2010 窗口右上角的"☒"按钮。

在退出 Excel 文档之前,文档如果还未存盘,则在退
出之前,系统会提示是否将正在编辑的文档存盘。

4.1.4　Excel 2010 的窗口组成

Excel 2010 的主窗口由快速访问工具栏、标题栏、功
能区、工作区、编辑栏、滚动条、活动单元格、工作簿名称、
工作表标签、行号与列标组成,如图 4-2 所示。

1. 快速访问工具栏

快速访问工具栏位于 Excel 2010 工作界面的左上
方,用于快速执行一些操作。使用过程中,用户可以根据
工作需要单击快速访问工具栏中 ▼ 按钮添加或删除快速
访问工具栏中的工具。默认情况下,快速访问工具栏中
包括三个按钮,分别是"保存""撤销"和"重复"按钮。

2. 标题栏

图 4-1　"开始"菜单启动 Excel 2010

标题栏位于 Excel 2010 工作界面的最上方,用于显
示当前正在编辑的电子表格和程序名称。拖动标题栏可以改变窗口的位置,用鼠标双击标题
栏可以最大化或还原窗口。在标题栏的右侧分别是"最小化""最大化""关闭"三个按钮。

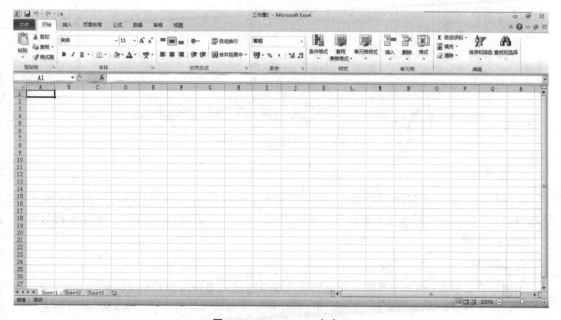

图 4-2　Excel 2010 主窗口

3. 功能区

功能区位于标题栏的下方,默认情况下由八个选项卡组成,分别为"文件""开始""插入"

"页面布局""公式""数据""审阅"和"视图"。每个菜单中包含不同的功能区,功能区由若干个分组组成,每个组中由若干功能相似的按钮和下拉列表组成。

（1）组

Excel 2010 程序将很多功能类似的、性质相近的命令按钮集成在一起,命名为"组"。用户可以非常方便地在组中选择命令按钮,编辑电子表格,如"页面布局"选项卡中的"页面设置"组,如图 4-3 所示。

图 4-3 组

（2）启动器按钮

为了方便用户使用 Excel 表格运算分析数据,在有些"组"中的右下角还设计了一个启动器按钮,单击该按钮后,根据所在不同的组,会弹出不同的命令对话框,用户可以在对话框中设置电子表格的格式或运算分析数据等内容,如图 4-4 所示。

图 4-4 启动按钮、对话框

4. 工作区

工作区位于 Excel 2010 程序窗口的中间,是 Excel 2010 对数据进行分析对比的主要工作区域,用户在此区域中可以向表格中输入内容并对内容进行编辑,插入图片、设置格式及效果等,如图 4-5 所示。

5. 编辑栏

编辑栏由名称框、编辑工具按钮和编辑框三部分组成。当选择单元格或区域时,相应的单元格或区域名称即显示在名称框中,编辑栏可编辑、修改和显示在单元格中输入的数据和公式。

6. 滚动条

滚动条分为垂直滚动条和水平滚动条。通过移动滚动条,可以滚动窗口,显示当前不在屏幕上的内容。

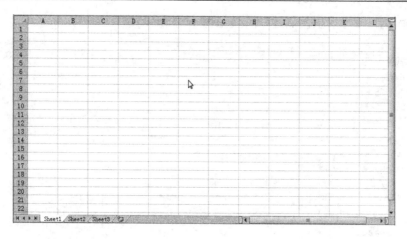

图 4 - 5　工作区

7. 活动单元格

活动单元格即为当前正在操作的单元格,它会被一个黑线框包围,如 ⬚ 。单元格是工作表中数据编辑的基本单位。

8. 工作簿名称

Excel 文档是工作簿,一个工作簿可包括多个工作表,用于存储数据和图表。工作簿 1 是系统默认的工作簿名称,保存工作簿时可以另存为其他名称。

9. 工作表标签

一个工作簿可以包含多个工作表,系统默认的只有 3 个工作表,可以按需要增加或减少工作表的个数。系统默认的工作表标签以 Shcet1、Sheet2 等来命名,也可以根据实际需要为工作表重命名。单击工作表标签左侧的工作表浏览按钮,可以查看工作表。

10. 行号与列标

在 Excel 2010 工作表中,单元格地址是由列标(如 ▢**A**▢)和行号(如 ▢**1**▢)来表示的。一个工作表行号以 1、2、3、…来表示,列号以 A、B、C、…、Z、AA、AB、…、IV 来表示。例如,A3 代表 A 列第三行所在的单元格。

4.2　Excel 2010 的基本操作

4.2.1　创建与保存工作簿

1. 创建空白工作簿

启动 Excel 2010,在屏幕上显示的工作簿即为新建的空白工作簿。工作簿默认有三张空白工作表,标签名分别为 Sheet1、Sheet2、Sheet3。Excel 系统给当前工作簿的名称是"工作薄 1"。

2. 使用模板创建空白工作簿

在 Excel 中,也可使用模板创建工作簿。操作步骤如下:

① 单击"文件"菜单,选择"新建"命令,如图 4-6 所示。

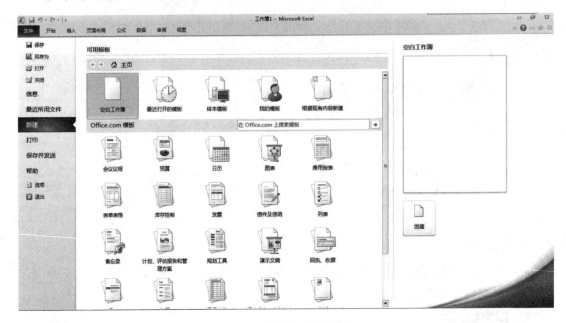

图 4-6　新建中的可用模板

② 在"可用模板"中,单击"样本模板",如图 4-7 所示。

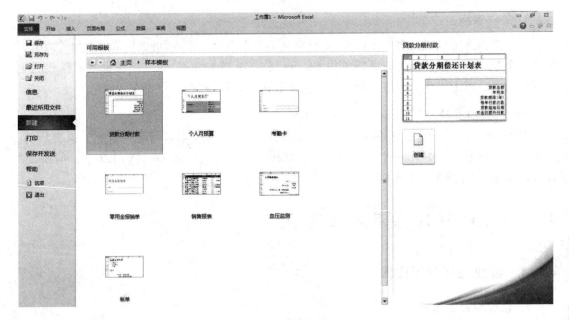

图 4-7　样本模板

③ 在模板列表中选择需要的模板,如"考勤卡",在"预览"框内显示模板外观。

④ 单击"确定"按钮。

⑤ 在单元格中输入内容,如图 4-8 所示。

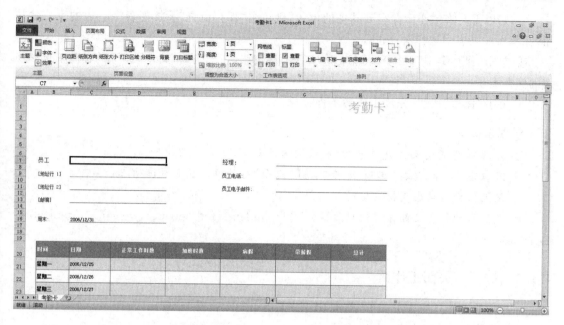

图 4-8 基于"考勤卡"模板的工作簿

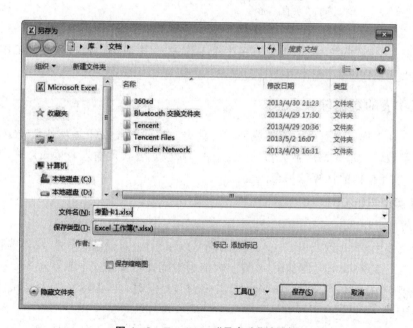

图 4-9 Excel 2010"另存为"对话框

3. 保存工作簿

保存工作簿文件的具体操作步骤如下：

① 单击"文件"菜单,选择"保存"命令,这时屏幕出现"另存为"对话框,如图 4-9 所示。

注意:如果该文件已经保存过,则 Excel 系统直接保存当前最新文档,并不出现"另存为"对话框,同时也不执行下面的操作。

② 在"文件名"下拉列表框中,输入工作簿名称。

③ 如果需要将工作簿保存到其他的位置,则单击"保存位置"下拉列表框右边的下三角按钮,在弹出的列表中选择保存位置。

④ 单击"保存类型"下拉列表框右边的下三角按钮,在弹出的"文件类型"列表框中选择所需的保存类型。

⑤ 单击"保存"按钮,完成工作簿的保存操作。

> 💡温馨提示
>
> Excel 具有保存自动恢复信息功能,设置方法如下:
>
> 单击"工具"菜单,选择"选项"命令,打开"选项"对话框。在保存选项中:
>
> ① 设置保存自动恢复信息的时间间隔。
>
> ② 默认自动恢复文件保存的位置是:C:\Documents and Settings\welcome\Application Data\Microsoft\Excel\。

4.2.2　打开与关闭工作簿

打开其他工作簿的方法如下:单击"文件"菜单,选择"打开"命令。

关闭工作簿的方法如下:

➤ 单击"文件"菜单,选择"关闭"命令。

➤ 单击工作簿窗口右上角"关闭"按钮。

注意:在一个工作簿文件中,无论有多少个工作表,保存时都会保存在一个工作簿,而不是按照工作表的个数保存。

4.2.3　工作表的数据输入

Excel 2010 工作表中可输入常数或公式两种类型数据。常数可分为文本、数值、日期时间三种类型。常数输入单元格后不会自动改变,除非修改。公式是输入表达式计算,改变公式中条件时,相应单元格内的计算结果会改变。

1. 数值类型与特征

(1) 数值型数据

数值型数据由 0~9 以及＋、－、(、)、E、e、¥、％和小数点(.)、千分位号(,)等特殊符号组成,如 3.14、12.8E＋8、40％、¥816.18 等。数值型数据在常规格式下靠右对齐。

采用常规格式的数字长度为 11 位,当超过 11 位时,自动转换为科学记数格式,如 3.123456E＋12。

由于分数的输入方式与日期常数的表达有相似之处,所以输入分数时,要在分数前先输入 0 和一个空格。如果输入分数"1/2",则可输入"0 1/2",输入后单元格中显示为"1/2",编辑框显示"0.5"。

输入负数可以在输入数值前先输入一个减号"－"作为识别或置于"()"内。例如,输入"(8)",按 Enter 键确定,显示"－8"。

输入的数字中可以带千分位分隔号、货币等符号,单元格中显示这些符号不影响实际数值的存储。

（2）日期时间型数据

日期和时间也是一种数值型数据,时间和日期都可以参加运算,如输入 2007－5－12。年份采用简写时,如果输入 00－01－01,29－12－30,则系统认为是 2000－01－01,2029－12－30,而输入 30－01－01,56－2－25,则系统认为是 1930－01－01,1956－2－25。

（3）文本型数据

文本实际上是字母、数字或其他特殊字符组合的字符串,如"AD12""2＃a_b""中文 Excel"等。

在编辑如学号、电话号码等编号时,为区别是数字文本还是数值,需要在输入的数字文本前首先输入半角单引号"'",如输入文本"007",输入"'007"。

2. 数据的基本输入方法

要输入数据首先要选择单元格,使之成为活动单元格。选择单元格之后,活动单元格的名称在"名称框"中显示,其中的数据在"编辑框"中显示。

要输入数据到单元格,可以直接在单元格中输入,也可以在"编辑栏"中输入。选择活动单元格之后,再将光标移动到"编辑栏"单击,即可输入或修改数据。此时,"编辑栏"左边显示三个按钮 ✕、✓、＝,单击 ✓ 按钮即确认输入数据,结束该单元格的数据输入;单击 ✕ 按钮则取消刚输入的数据,保留原有的数据。＝按钮的用法在后面介绍。

4.2.4　编辑工作表

1. 工作表的重命名

右击或双击工作表标签名,可实现对工作表重命名。

2. 插入新工作表

新建工作簿中包含有三张默认工作表,实际工作中,可能使用超过三张以上的工作表,可根据需要插入新工作表。

选择"开始"菜单中"单元格"功能区,单击"插入"命令,从下拉列表框中选择"插入工作表",如图 4－10 所示。

图 4－10　插入工作表设置

3. 选择工作表

在对工作表进行编辑时,只有当前工作表才能被编辑。因此,必须首先选择当前工作表,选定的工作表标签反白底色显示。选择工作表的方法如下:

➢ 用鼠标单击工作表标签,可选择一张工作表。

➢ 按住键盘上 Ctrl 键,用鼠标单击工作表标签,可选择多张工作表,标题栏中显示"工作组",单击任意工作表标签可取消工作组状态。

4. 删除工作表

选择待删除的工作表,再单击"开始"|"单元格"|"删除",选择"删除"中的"删除工作表"即可。工作表删除后不可用"快速访问工具栏"的"撤销"按钮或组合键"Ctrl+Z"恢复。

5. 复制或移动工作表

复制和移动工作表主要有两种方法。

(1) 使用菜单命令

首先选择待移动或复制的工作表标签,再单击"开始"|"单元格"|"格式"菜单中的"组织工作表",如图4-11所示。单击"移动或复制工作表",出现如图4-12所示的对话框,选择另一个工作表名,单击"确定"按钮即可移动工作表到另一个工作表之前或最后。

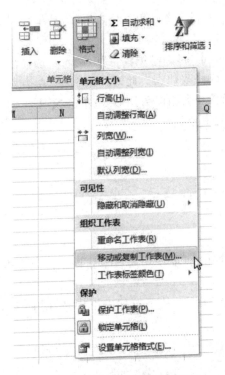
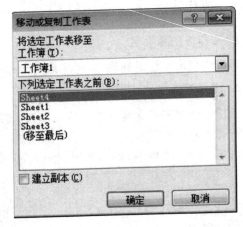

图4-11 "移动或复制工作表"命令　　　　图4-12 "移动或复制工作表"对话框

选中"建立副本"复选框,单击"确定"按钮,便可复制工作表。工作表的标签名为原工作表的标签名加上圆括号括上的序数。

(2) 用鼠标拖动

使用鼠标拖动,选择待移动或复制的工作标签,再拖动到目的位置,并可以看到标签上方有一个小的三角形标记指向拖动位置,光标带有一个空白的小表格,放开鼠标左键,即可完成移动工作表。若在上述操作中按下Ctrl键,此时光标带有一个加号的小表格,放开鼠标左键,即可完成复制工作表。

6. 在工作表中插入行或列

对于一个已编辑好的表格,可以在表中增加一行或者一列来容纳新的数据。

（1）插入列

1）插入一列。

① 选择插入位置，单击此列中任意一个单元格或列号。

② 单击"开始"|"单元格"|"插入"，选择"插入工作表列"；或者在选择的列上右击，在快捷菜单上单击"插入"|"整列"。

2）插入多列。

① 选定要插入的新列右侧相邻的若干列。

② 单击"开始"|"单元格"|"插入"，选择"插入工作表列"，或者在选择的列上右击，在快捷菜单上单击"插入"|"整列"。

（2）插入行

插入行的操作与插入列的操作类似。

4.2.5　工作表的格式化

Excel 2010 具有对单元格内容进行数字、字体、对齐方式、颜色、边框等修饰的功能，这种修饰称为工作表的格式化。

在对工作表进行格式化前，首先选择单元格或区域，再单击"开始"菜单，选择"数字"，单击右下角启动器按钮，如图 4-13 所示。弹出单元格格式对话框如图 4-14 所示。

图 4-13　设置单元格格式按钮

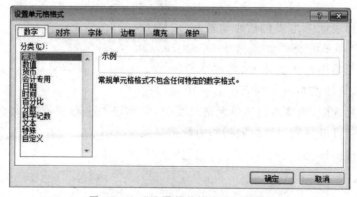

图 4-14　"设置单元格格式"对话框

1. 设置数字格式

在"数字"选项卡中,可以对数据进行常规、数值、货币、会计专用等 12 类格式操作。下面举例说明常用的四类数字格式方法。

1)常规。新建工作簿时,工作表中单元格的默认格式不具有任何特定格式的数据。

2)货币。在数据前自动加上货币符号,若格式为人民币表示,则选择"￥"符号,小数点保留 2 位,如输入数据 18,则显示为"￥18.00"。

3)日期。如果选择"＊2001 年 3 月 14 日"类型,输入"06-2-18",则自动转换为"2006 年 2 月 18 日"。

4)科学记数。将数字转换为科学记数法显示,如果选择小数位为 2 位,输入数字"123456",则显示为"1.23E＋05"。

2. 设置对齐方式

默认情况下,Excel 2010 根据数据类型确定数据是靠左对齐还是靠右对齐。为了使工作表中的数据产生更加丰富的效果,可以通过"对齐"选项卡中的设置来改变对齐方式。在选项卡中可以设置:文本对齐、文本控制和方向等。

"文本对齐"分为"水平对齐""垂直对齐"和"增加缩进"。

图 4-15 所示为"水平对齐"的示例。

图 4-16 所示为"垂直对齐"的示例。

	A	B
1	常规	
2	靠左(缩进0个字符)	
3	居中	
4	靠右	
5	填充填充填充填充填充	
6	两端对齐	
7	跨列居中	
8	分　散　对　齐	
9		

图 4-15 "水平对齐"的示例

	A	B
1	靠上	
2	居中	
3	靠下	
4	两端对齐	
5	分散对齐	

图 4-16 "垂直对齐"的示例

"方向"选项可以将文本和数据按一定角度改变其方向。图 4-17 所示为"方向设置"的示例。

"文本控制"列表框中主要包括自动换行、缩小字体填充、合并单元格。如果选中"自动换行",那么在单元格中输入文本时,当文本超出单元格长度时,自动换行到下一行。若选中

图 4-17 "方向设置"的示例

"缩小字体填充"复选框,则文本超出单元格长度时,单元格大小不变,将字体缩小填充入单元格。"合并单元格"可以将横向或纵向相邻的数个单元格合并为一个单元格,合并后单元格显示时像一个单元格一样。

3. 设置字体

"字体"选项卡如图 4-18 所示,可通过"字体"选项卡设置字体类型、字体形状、下画线、字

体大小和颜色、特殊效果等。

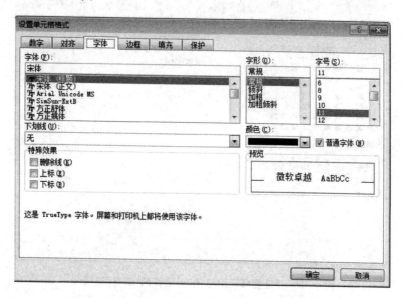

图 4 - 18　"设置单元格格式"对话框的"字体"选项卡

4. 设置边框线

工作表中的网格线是为输入、编辑时方便而预设的,在打印时不显示。如果要强调工作表的某部分,则需要为单元格或区域设置框线。

"设置单元格格式"对话框的"边框"选项卡如图 4 - 19 所示。

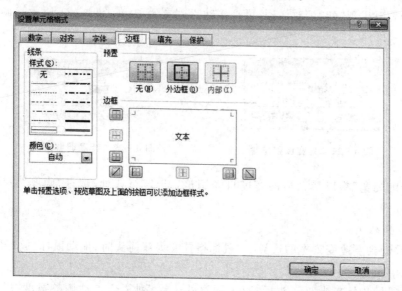

图 4 - 19　"设置单元格格式"对话框的"边框"选项卡

5. 设置图案

"设置单元格格式"对话框的"填充"选项卡如图 4 - 20 所示,通过该对话框的"填充"选项卡可以对单元格或区域加上颜色和底纹,使工作表更为美观。

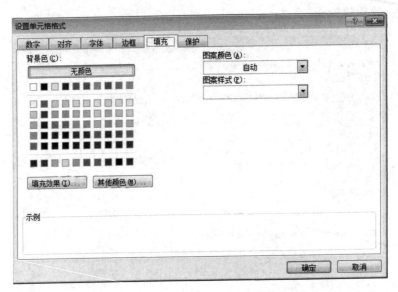

图 4-20　"设置单元格格式"对话框的"填充"选项卡

6. 调整行高和列宽

当单元格中的数据内容超出预设的单元格的长度或宽度时,可以调整行高和列宽以便显示完整的内容。

(1) 菜单法

单击"开始"菜单,选择"单元格"分组中的"格式"(见图 4-11)。

选择"列宽",出现"列宽"对话框,可直接输入列宽磅值,如图 4-21 所示。调整行高同理操作,如图 4-22 所示。

图 4-21　列宽调整设置

图 4-22　行高调整设置

"最适合的列宽"将以最合适的宽度自动调整。选定行或列,选择"隐藏",可实现行或列隐藏。

(2) 鼠标拖动法

将鼠标移动到要改变列宽的边界上,鼠标指针变为双箭头时,拖动鼠标,放开鼠标左键,即可改变列宽。

另外,将鼠标指针变为双箭头后,双击列宽的边界,列宽会自动调整宽度,以存放下该列数据。

行高调整与列宽调整类似。

7. 套用表格格式

在 Excel 工作表中,快速设置格式的方法是利用"套用表格格式"功能。采用这种方式对工作表进行格式化操作，可以节省时间，效果良好。

选定需套用格式的单元格区域，单击"开始"菜单 中的"样式"项，单击"套用表格格式"，如图 4－23 所示。

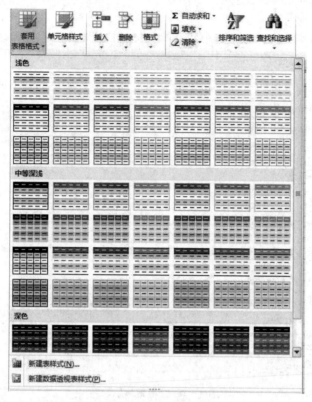

图 4－23　"套用表格格式"设置

套用格式是数字格式、对齐、字体、边框线、图案、颜色、列宽和行高的组合。当选定了一个区域并应用自动套用格式时，Excel 决定该选定区域中汇总和明细项的级别并应用相应的格式。

4.2.6　工作表窗口的拆分和冻结

工作表较大时，使用工作表拆分或冻结给浏览数据带来方便，如图 4－24 所示。

图 4－24　窗口的拆分和冻结设置栏

1．工作表窗口的拆分

首先选取拆分线的下一行号或右边一列号，再单击"视图"|"窗口"，选择"拆分"，可将窗口

拆分成水平或垂直的两个窗口;若选择某一单元格,按上述操作,将拆分四个窗口,水平拆分线将在该单元格上方,垂直拆分线在该单元格的左边。在窗口未拆分前,工作表横向右侧滚动按钮右端和纵向滚动按钮上端有一个小条,称为拆分条。利用鼠标拖动窗口中的拆分条,也可拆分窗口为两个或四个窗口。

撤销拆分可以再次单击已处于选中状态的"视图"|"窗口"|"拆分"命令来实现。

2. 工作表窗口的冻结

工作表窗口的冻结实际上也是将窗口拆分为上部若干行或左部若干列固定的两个或四个窗格。冻结窗格分隔线为黑色细线。

直接双击冻结分隔线不能撤销工作表窗口的冻结。

4.3 公式与函数

4.3.1 自动求和按钮的使用

在进行数据处理时经常要用到求和,Excel在"公式"菜单下的"函数库"组中有"自动求和"按钮 **Σ**,如图4-25所示。

图4-25 "函数库"设置

1. 单行(列)求和

在某一行或某一列中求相邻单元格数据之和,先选择这些单元格,并多选择一个空的单元格,以便存放求和结果,然后单击"自动求和"按钮 **Σ**,求和公式放置于空单元格中,并在该单元格中显示计算结果。

如果不多选一个空单元格,则Excel就会将求和结果就近存放。

2. 多行(列)求和

如果要在连续的多行或多列单元格中求和,先选择这些单元格,且在行或列留下放置求和公式的空单元格,然后单击"自动求和"按钮 **Σ**,计算结果就会依次放置于相应的空单元格中。

3. 指定存放位置求和

按下列操作可以预先指定存放位置,且能求出不连续单元格中的数据之和。

① 选择一个单元格,以便存放自动求和公式。

② 单击"自动求和"按钮 **Σ**,在选择的单元格和编辑栏中均显示求和函数"SUM()",等待求和区域的选择。

③ 用鼠标在工作表单元格中选择区域。如果选择不连续的区域,则按住Ctrl键连续选择,被选择的区域以虚线标记。

④ 按Enter键或单击编辑栏中的"输入"按钮 ✔ 进行确认。

4.3.2　公　式

公式以一个等号"="开头,是利用各种运算符将常量、变量、函数和单元格引用等元素有机连接起来的表达式。在公式中,只要输入正确的计算公式,就会立即在单元格中显示计算结果。如果工作表中的数据有变动,则 Excel 系统会自动将变动后的结果算出。

1. 单元格引用

单元格引用用来代表工作表的单元格或单元格区域,并指明公式中所使用数据的位置。单元格引用可分相对引用、绝对引用和混合引用三种。

（1）相对引用

例如在 C7 单元格中输入公式＝B2,则 C7 单元格公式中对 B2 的引用是相对引用。把公式复制、粘贴到其他单元格中,新公式单元格与引用单元格的位置关系与原公式单元格与引用单元格的位置关系是一样的。例如,把公式复制、粘贴到 D7 中,使用"公式"菜单中"公式审核"分组区的"追踪引用单元格",如图 4-26 所示,可以看出这种关系。

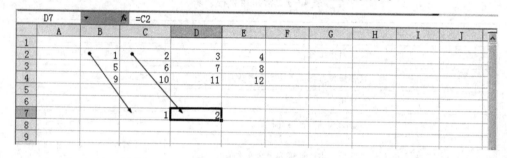

图 4-26　追踪引用单元格

（2）绝对引用

绝对引用是指单元格的引用不随单元格的位置改变而自动更改。复制公式时,使用绝对引用,则单元格引用不会发生变化。

使用单元格绝对引用时在列标和行号前分别加上符号"$"。例如,$A$5 表示对单元格 A5 绝对引用,$B$2:$F$6 表示对单元格区域 B2:F6 绝对引用。

（3）混合引用

在引用单元格中若形式为,仅在行号或列号前加符号"$",这种引用称为混合引用。例如 $C3、C$3 等,当公式被复制或填充到其他单元格时,加符号"$"部分为绝对引用,未加符号"$"部分为相对引用。

公式中引用单元格可以相互转换,方法是通过选定引用单元格,再反复按键盘上的功能键 F4 键来实现三种引用的转换。

如果需要引用同一工作簿中不同工作表的单元格,则引用格式为:"工作表名称!",如公式"＝Sheet1!D3＋Sheet2!F3"。若是同一工作簿中工作表区域的引用,则引用格式为:"引用工作表开始名:引用工作表结束名!"。例如,公式"＝SUM(Sheet1:Sheet6! F3)"表示"Sheet1"至"Sheet6"的所有 F3 单元格的内容之和。

2. 公式的输入

输入公式的操作类似于输入文字。用户可以在编辑栏中输入公式,也可以在单元格里直接输入公式。

在单元格中输入公式的步骤如下：

① 选择要输入公式的单元格。

② 在单元格中输入等号"＝"和公式。

③ 按 Enter 键或单击编辑栏中的"输入"按钮✔进行确认。

3. 公式中的运算符

运算符用于对公式中的各个元素进行特定类型的运算，主要分为算术运算符、文本运算符、比较运算符等。

在表 4－1 中，从上到下顺序为公式中各种运算符运算的优先顺序。对于加"＋"、减"－"、乘"＊"、除"/"、幂"⌃"算术运算符，按数学上算术混合运算法则顺序进行，可以且仅可以用一对圆括号"()"将部分式子括上改变运算顺序。也可以嵌套多层。Excel 2010 规定先算括号内再算括号外，先算内层括号再算外层括号。

表 4－1　常用运算符列表

运算符	含　义	示　例
:	区域引用运算符	D3:D8
,	联合操作符将多个引用合并为一个引用	SUM(D3:D8,F4:F7)
%	百分比	10%
＋、－、＊、/、⌃	加、减、乘、除、幂运算符	1＋2,3⌃5,2＊3＊4/5－2
&	将两个文本值连接为一个文本值	"计算机"&"文化基础"产生"计算机文化基础"
＝、＞、＜、＞＝、 ＜＝、＜＞	等于、大于、小于、大于或等于、小于或等于、不等于。操作符比较两个值时，结果是一个逻辑值 TRUE 或 FALSR	

4.3.3　函　数

用户在做数据分析工作时，使用函数可简化工作。Excel 提供了三百多个内部函数，每个函数由一个函数名和相应参数组成。参数位于函数名的右侧，并用圆括号()括起来，它是一个函数用以生成新值或完成运算的信息。大多数参数的数据类型都是确定的，可以是数字、文本、逻辑值、单元格引用或表达式等。也有些函数不需要参数。例如，用户在一个单元格中输入"＝TODAY()"，Excel 就会在单元格里显示当天的日期。

如果用户对 Excel 2010 的函数不熟悉，则可使用 Excel 有关函数的联机帮助。

假设一位用户对"sum"函数不熟悉，可在单元格中插入函数，打开图 4－27 所示的对话框，单击"有关该函数的帮助"，即可打开图 4－28 所示的窗口。

使用"Microsoft Excel 帮助"用户可学习想了解的函数。

下面以 Excel 2010 处理学生成绩的示例介绍常用函数 if、rank、sum、average、count、countif、max、min 的使用。

打开 Excel 2010，创建一张学生成绩表，并进行格式化操作略，如图 4－29 所示。

图 4 - 27　"插入函数"对话框

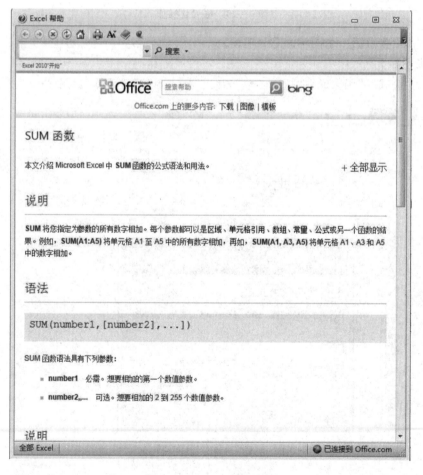

图 4 - 28　Excel 帮助文档

图 4 - 29　格式化操作

用 SUM 函数求第一个同学的总分成绩。

操作步骤如下：

① 单击"公式"|"函数库"|"插入函数"，弹出"插入函数"对话框，如图 4 - 30 所示。

图 4 - 30　"插入函数"对话框

② 在"或选择类别"下拉列表框中选择"常用函数"选项，然后在"选择函数"列表框中选择"SUM"函数，单击"确定"按钮，弹出"函数参数"对话框，如图 4 - 31 所示。

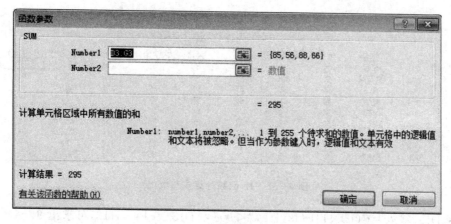

图 4 - 31　"函数参数"对话框

③ 在"Number1"参数框中输入求平均值参数,也可单击"Number1"参数框右侧的折叠按钮⊞收缩"函数参数"对话框,通过拖动鼠标方式在工作表中选择参数区域,然后单击"确定"按钮,即可返回工作表,在当前单元格中看到计算结果,即第一位同学的总分成绩,如图 4 - 32所示。

	A	B	C	D	E	F	G	H
1					成绩表			
2	学号	姓名	性别	算机应用基	数学	英语	大学语文	总分
3	001	李鹏	男	85	56	88	66	295
4	002	黄花菜	女	85	67	90	90	
5	003	学友	男	85	87	92	67	
6	004	任波	男	88	66	85	77	
7	005	汤成玲	女	90	90	85	80	
8	006	唐红兰	女	92	67	88	76	
9	007	唐艳丽	女	85	77	87	92	
10	008	王郦	女	85	80	66	85	
11	009	王诗琴	女	88	76	90	85	

(H3　fx =SUM(D3:G3))

图 4 - 32　总分成绩计算

选择 I3,输入＝ROUND(AVERAGE(C3:G3),0),可求出李鹏同学的各科平均分。这里使用了函数的嵌套,(AVERAGE(C3:G3)是先求平均,ROUND(AVERAGE(C3:G3),0)使结果四舍五入。

选择 J3,输入＝IF(I3＞90,"优",IF(I3＞80,"良",IF(I3＞70,"中","差"))),可判断出李鹏同学的成绩情况,如图 4 - 33 所示。

选择 K3,输入＝RANK(I3,$I$3:$I$18,0),可求出李鹏同学的名次,注意对 I3:I18的引用是绝对引用,否则会求出错误的名次。

选择 D14,输入＝MAX(D3:D11),可求出计算机应用基础的最高分。

选择 D15,输入＝MIN(D3:D11),可求出计算机应用基础的最低分。

选择 D18,输入＝COUNTIF(I3:I11,"＜60"),可求出 60 分以下的人数,如图 4 - 34所示。

选择 F18,输入＝COUNTIF(I3:I11,"＜70")-D18,可求出 60～70 分段的人数。

选择 H18,输入＝COUNTIF(I3:I11,"＜80")-F18-D18,可求出 70～80 分段的人数。

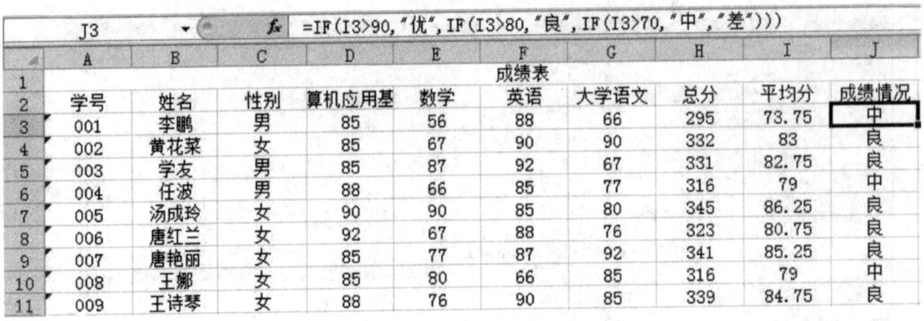

图 4-33　IF 函数计算成绩情况

选择 D19,输入＝COUNTIF(I3:I11,"＜90")－D18－F18－H18,可求出 80～90 分段的人数。

选择 F19,输入＝COUNTIF(I3:I11,"＞＝90"),可求出 90 分段的人数。

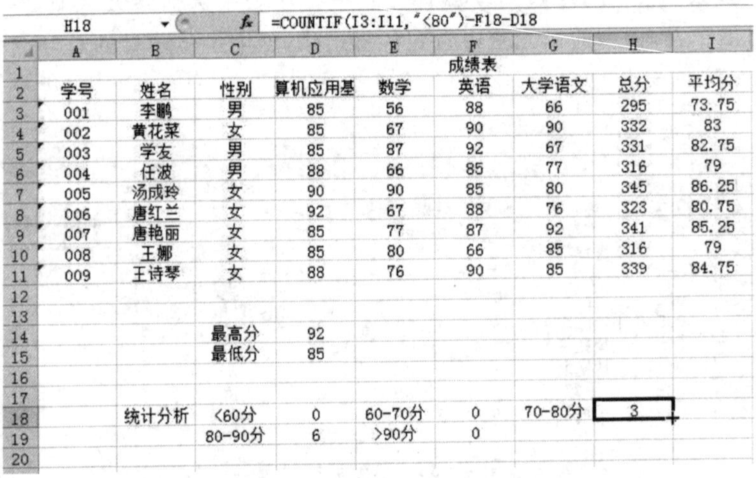

图 4-34　使用 AVERAGE、AX、MIN、COUNTIF 函数

综上所述,Excel 2010 中其他函数的使用可根据其功能特性利用参数面板进行相关操作,这里就不再一一列举。

4.4　数据库的操作

通过函数和公式可以对数据进行计算操作,这是 Excel 的基本功能之一,Excel 还可将工作表的数据清单作为一个整体,实现对数据进行排序、筛选、分类汇总等操作。

4.4.1　Excel 2010 数据管理的基本概念

工作表中把符合建立数据清单准则的数据区域称为数据清单。在数据清单中,每一列的列标志视为数据清单中的字段名;数据清单的每一行中的一组数据称为数据清单的一条记录。

4.4.2　数据排序

在数据清单中,针对某些列的数据可以用"数据"菜单项中的"排序"命令,对一组(或几组)相关的数据按照一定的大小规律来重新组织行的顺序,以便管理。用户可以选择排序数据的范围和排序方式,让数据清单以用户要求的方式进行显示。

1. 用工具按钮对数据排序

在"数据"|"排序和筛选"组中,按钮 ⬆ 为"升序"排序按钮,按钮 ⬇ 为"降序"排序按钮,可以实现对单个"关键字"进行"升序"或"降序"排序。

用工具按钮排序,其操作步骤为:首先选择排序的区域,然后将在选择区域中待排序的"关键字"所在单元格设为当前单元格,最后单击"升序"(或"降序")按钮便可完成排序。

2. 用菜单命令对数据排序

使用排序按钮对单个关键字段进行排序较为方便,但对于设定满足多个条件的排序,则操作就复杂一点。例如,在分析学生成绩时,可根据总分的降序排列名次;若有相同总分的,再根据计算机基础成绩的降序排列;若还有计算机基础成绩相同的,则以学号的升序排列,这就是对多列数据进行复合排序,如图 4-35 所示。

单击"选项"按钮可设定排序方向和排序方法,如图 4-36 所示。

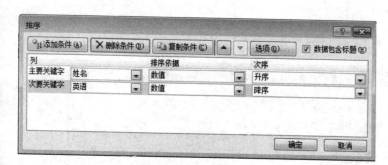

图 4-35　"排序"对话框

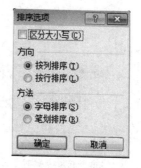

图 4-36　"排序选项"对话框

4.4.3　数据筛选

数据筛选就是在数据清单中,有条件地筛选出部分记录行,而另一部分记录行暂时隐藏起来。Excel 2010 提供了"筛选"和"高级筛选"两种筛选方式。

1. 自动筛选

自动筛选是一种快速的筛选方法,用户可以通过它快速地访问大量数据,并从中选出满足条件的数据。操作步骤如下:

① 单击数据清单中的任意单元格。

② 打开"数据"菜单中的"排序和筛选"分组,选择"筛选",数据清单中的每个字段名的右侧出现一个向下的箭头。

③ 单击想查找的字段名右侧的向下箭头,打开用于设定筛选条件的下拉列表框,如图 4-37 所示。下拉列表框包含该列所有数据项以及进行筛选的一些条件选项:升序、降序、

按颜色排序、数字筛选等。单击"数字筛选"选项，出现如图4-38所示的"自定义自动筛选方式"对话框，设置显示记录的条件。

图4-37 设定筛选条件的下拉列表框

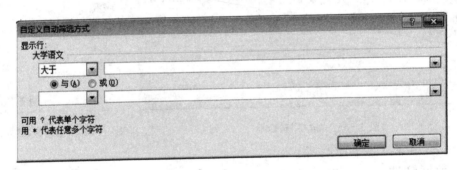

图4-38 "自定义自动筛选方式"对话框

④ 单击"确定"按钮，完成自动筛选。筛选后所显示的记录的行号呈蓝色，如图4-39所示。

> **温馨提示**
> ① 如果工作表中有合并单元格，则在进行数据排序时要先选择数据区域或把活动单元格放进数据区域里。
> ② 在多个字段上设定筛选条件可筛选出满足较复杂条件的记录。

2. 高级筛选

如果筛选的条件要涉及几个字段，则运用"高级筛选"可快速地筛选出满足条件的记录。

	F2	▼		fx	大学语文					
	A	B	C	D	E	F	G	H	I	J
1						成绩表				
2	学号 ▼	姓名 ▼	计算机应▼	数学 ▼	英语 ▼	大学语文.▼	总分 ▼	平均分 ▼	成绩情况▼	名次 ▼
4	002	黄花菜	85	67	90	90				
6	004	任波	88	66	85	77				
7	005	汤成玲	90	90	85	80				
8	006	唐红兰	92	67	88	76				
9	007	唐艳丽	85	77	87	92				
10	008	王娜	85	80	66	85				
11	009	王诗琴	88	76	90	85				
12	010	刘娟	88	87	67	88				
13	011	刘晓松	85	76	90	90				
16										
17										
18										
19										

图 4-39 完成自动筛选的结果

① 单击数据清单中的任意单元格。

② 选择"数据"菜单中的"排序和筛选"组,单击"高级",出现"高级筛选"对话框,如图 4-40 所示。

图 4-40 "高级筛选"对话框

列表区域是要进行数据筛选的数据清单,如图 4-41 所示。条件区域需要用户自己创建,如图 4-42 所示。在当前工作表的空白处创建条件区域,条件区域包含表头和条件表达式两个部分,表头必须和数据清单的表头名一致。最后,将用户创建的条件区域单元格添加到"高级筛选"对话框的"条件区域"文本框中,如图 4-43 所示。

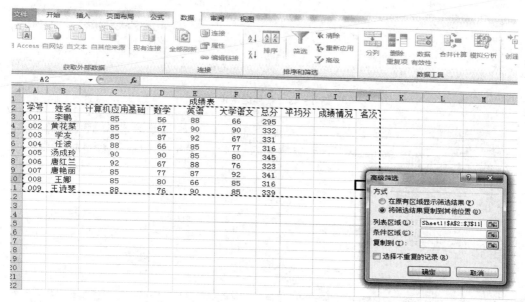

图 4-41 列表区域设置

注意:条件区域中条件表达式置于同一行的关系是"与"关系,如图 4-44 中用户创建的筛选条件是"要在数据清单中选出英语大于 70 分且大学语文大于 80 分的记录"。

成绩表

学号	姓名	计算机应用基础	数学	英语	大学语文	总分	平均分	成绩情况	名次
001	李鹏	85	56	88	66	295			
002	黄花菜	85	67	90	90	332			
003	学友	85	87	92	67	331			
004	任波	88	66	85	77	316			
005	汤成玲	90	90	85	80	345			
006	唐红兰	92	67	88	76	323			
007	唐艳丽	85	77	87	92	341			
008	王娜	85	80	66	85	316			
009	王诗琴	88	76	90	85	339			

英语	大学语文
>70	>80

图4-42　条件区域设置1

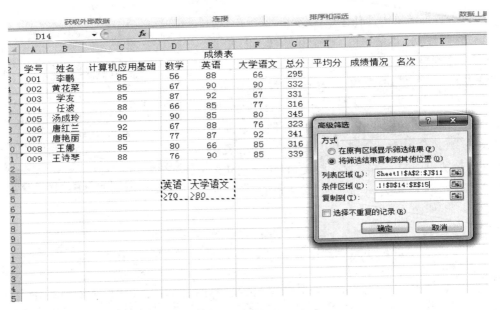

图4-43　条件区域设置2

成绩表

学号	姓名	算机应用基	数学	英语	大学语文	总分	平均分	成绩情况	名次
001	李鹏	85	56	88	66	295			
002	黄花菜	85	67	90	90	332			
003	学友	85	87	92	67	331			
004	任波	88	66	85	77	316			
005	汤成玲	90	90	85	80	345			
006	唐红兰	92	67	88	76	323			
007	唐艳丽	85	77	87	92	341			
008	王娜	85	80	66	85	316			
009	王诗琴	88	76	90	85	339			
				英语	大学语文				
				>70	>80				
学号	姓名	算机应用基	数学	英语	大学语文	总分	平均分	成绩情况	名次
002	黄花菜	85	67	90	90	332			
007	唐艳丽	85	77	87	92	341			
009	王诗琴	88	76	90	85	339			

图4-44　筛选条件示例1

条件表达式不在同一行的条件关系是"或"关系,如图 4 - 45 中用户创建的筛选条件是"要在数据清单中选出英语大于 70 或大学语文大于 80 分的记录"。

	A	B	C	D	E	F	G	H	I	J
1						成绩表				
2	学号	姓名	算机应用基	数学	英语	大学语文	总分	平均分	成绩情况	名次
3	001	李鹏	85	56	88	66	295			
4	002	黄花菜	85	67	90	90	332			
5	003	学友	85	87	92	67	331			
6	004	任波	88	66	85	77	316			
7	005	汤成玲	90	90	85	80	345			
8	006	唐红兰	92	67	88	76	323			
9	007	唐艳丽	85	77	87	92	341			
10	008	王娜	85	80	66	85	316			
11	009	王诗琴	88	76	90	85	339			
12										
13										
14					英语	大学语文				
15					>70					
16						>80				
17	学号	姓名	算机应用基	数学	英语	大学语文	总分	平均分	成绩情况	名次
18	001	李鹏	85	56	88	66	295			
19	002	黄花菜	85	67	90	90	332			
20	003	学友	85	87	92	67	331			
21	004	任波	88	66	85	77	316			
22	005	汤成玲	90	90	85	80	345			
23	006	唐红兰	92	67	88	76	323			
24	007	唐艳丽	85	77	87	92	341			
25	008	王娜	85	80	66	85	316			
26	009	王诗琴	88	76	90	85	339			
27										

图 4 - 45　筛选条件示例 2

4.4.4　数据合并及分类汇总

1. 数据合并

在 Excel 中,可以用许多方法对多个工作表中的数据进行合并计算。如果需要合并的工作表不多,可以用"合并计算"命令来进行,在某个工作簿的不同工作表中包含一些类似的数据,每个区域的形状不同,但包含一些相同的行标题和列标题。

例　使用下表中的数据,在"教师第一季度平均工资表"的表格中进行求"平均值"的合并计算操作,并设置所有数值均只显示两位小数,如图 4 - 46 所示。

	A	B	C	D	E	F	G	H	I	J	K
1	一月份教师工资表				二月份教师工资表				三月份教师工资表		
2	部门	姓名	工资		部门	姓名	工资		部门	姓名	工资
3	管理系	李柏仁	4650		管理系	李柏仁	4500		管理系	李柏仁	4580
4	管理系	吴林	3500		管理系	吴林	3820		管理系	吴林	3250
5	管理系	王永红	1200		管理系	王永红	1800		管理系	王永红	1320
6	财经系	马小文	3300		财经系	马小文	3600		财经系	马小文	3070
7	财经系	王晓宁	4880		财经系	王晓宁	4750		财经系	王晓宁	4970
8	财经系	魏文鼎	1480		财经系	魏文鼎	1850		财经系	魏文鼎	1560
9	计算机	李文如	4250		计算机	李文如	4000		计算机	李文如	4080
10	计算机	伍宁	1400		计算机	伍宁	1500		计算机	伍宁	1750
11	计算机	夏雪	3500		计算机	夏雪	3460		计算机	夏雪	3280
12	数学系	钟成梦	4100		数学系	钟成梦	4000		数学系	钟成梦	4300
13	数学系	古琴	2800		数学系	古琴	2540		数学系	古琴	2750
14	数学系	高展翔	4980		数学系	高展翔	5000		数学系	高展翔	4700
15	英语系	王斯蕾	5010		英语系	王斯蕾	4880		英语系	王斯蕾	5200
16	英语系	申旺林	2750		英语系	申旺林	2670		英语系	申旺林	3050
17	英语系	吴雨	1850		英语系	吴雨	2030		英语系	吴雨	1770
18											
19	教师第一季度平均工资表										
20	部门	姓名	工资								
21	管理系										
22	管理系										
23	管理系										
24	财经系										
25	财经系										
26	财经系										
27	计算机										
28	计算机										
29	计算机										
30	数学系										
31	数学系										
32	数学系										
33	英语系										
34	英语系										
35	英语系										

图 4 - 46　教师工资表

操作步骤如下：

① 选中工作表中的 B12 单元格，单击"数据"选项卡下"数据工具"组中的"合并计算"按钮，如图 4-47 所示，打开"合并计算"对话框。在"函数"下拉列表中选择"平均值"选项，单击"引用位置"文本框后面的折叠按钮，选定要进行合并计算的数据区域 B3:C17 并返回，单击"添加"按钮，并将其添加到"所有引用位置"下面的文本框中。再次单击"引用位置"文本框后面的折叠按钮，选定要进行合并计算的数据区域 F3:G17 并返回，单击"添加"按钮，并将其添加到"所有引用位置"下面的文本框中。再次单击"引用位置"文本框后面的折叠按钮，选定要进行合并计算的数据区域 J3:K17 并返回，单击"添加"按钮，并将其添加到"所有引用位置"下面的文本框中。单击"确定"按钮即可，如图 4-48 所示。

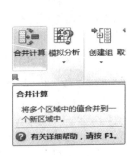

图 4-47　合并计算菜单

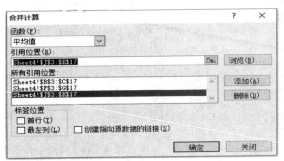

图 4-48　合并计算对话框

② 选中单元格区域 C21:C35，在"开始"选项卡下单击"数字"组右下角的"对话框启动器"按钮，打开"设置单元格格式"对话框，在"数字"选项卡下的"分类"列表框中选择"数值"，在"小数位数"文本框中选择或输入"2"，单击"确定"按钮即可。

2. 分类汇总表的建立

① 选择需汇总的数据区域(包括字段名)，选择分类字段，使用排序可实现按选定字段的分类。

② 在"数据"菜单中的"分级显示"组中，单击"分类汇总"，弹出对话框如图 4-49 所示。

③ 在"分类字段"下拉列表框中选择分类字段。

④ 在"汇总方式"下拉列表框中有求和、计数、求平均值、最大值、最小值、乘积等项。也就是用户需明白对被选择的字段进行什么样的汇总。

⑤ 在"选定汇总项"列表中选择对哪些字段进行分类汇总。

⑥ 选中"替换当前分类汇总"复选框，表示此次分类汇总结果替换已存在的分类汇总结果。选中"汇总结果显示在数据下方"复选框，单击"确定"按钮，便生成分类汇总表，如图 4-50 所示。

图 4-49　"分类汇总"对话框

在以上数据清单中若想同时进行多级分类汇总，则可先选择一种汇总方式进行汇总，在此基础上选择新的汇总进行二级分类汇总。在二级分类汇总选择对话框中，注意取消"替换当前分类汇总"复选框，便可叠加多级分类汇总。

	A	B	C	D	E	F	G	H	I	J	K
1						成绩表					
2	学号	姓名	性别	计算机应用基础	数学	英语	大学语文	总分	平均分	成绩情况	名次
3	001	李鹏	男	85	56	88	66	295			
4		男　平均值						295			
5	002	黄花菜	女	85	67	90	90	332			
6		女　平均值						332			
7	003	学友	男	85	87	92	67	331			
8	004	任波	男	88	66	85	77	316			
9		男　平均值						324			
10	005	汤成玲	女	90	90	85	80	345			
11	006	唐红兰	女	92	67	88	76	323			
12	007	唐艳丽	女	85	77	87	92	341			
13	008	王娜	女	85	80	66	85	316			
14	009	王诗琴	女	88	76	90	85	339			
15		女　平均值						333			
16		总计平均值						326			
17											
18											
19											
20											
21											
22											
23											

图 4 – 50　分类汇总表

3. 分级显示分类汇总表

从图 4 – 40 所示的分类汇总表可以看出,数据按分级显示,工作表的左边为分级显示区,列出各级分级符和分级按钮 1 、 2 、 3 。在默认情况下,分级显示区分为三级,从左到右分别表示最高级、次高级和第三级,同时用 1 、 2 、 3 按钮表示。

若要清除分类汇总,则可以在如图 4 – 49 所示的"分类汇总"对话框中单击"全部删除"按钮。

4.4.5　创建和编辑数据透视表

"数据透视表"是"分类汇总"的延伸,是进一步的分类汇总。

1. 创建数据透视表

操作步骤如下:

① 启动"数据透视表"向导。选择"插入"菜单,选择"表格"组,单击"数据透视表"按钮,出现"创建数据透视表"对话框,如图 4 – 51 所示。

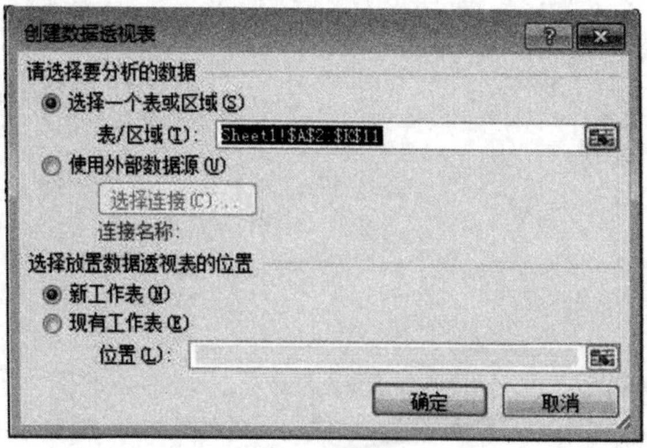

图 4 – 51　"创建数据透视表"对话框

② 在此对话框中指定分析数据的数据源类型和创建的报表类型,在"选择放置数据透视表的位置"中,用户可以选择透视表显示在新工作表中或显示在现有工作表中。如果显示在现有工作表中,还要选择显示的具体位置,设置完成后单击"确定"按钮,生成图表如图 4-52 所示。

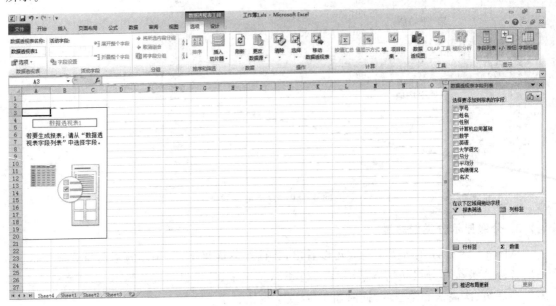

图 4-52　数据透视表生成图

2. 编辑数据透视表

在工作区右侧"数据透视表字段列表"中选择要添加的字段,如图 4-53 所示。最终在左侧透视表区中生成相应的数据透视表。

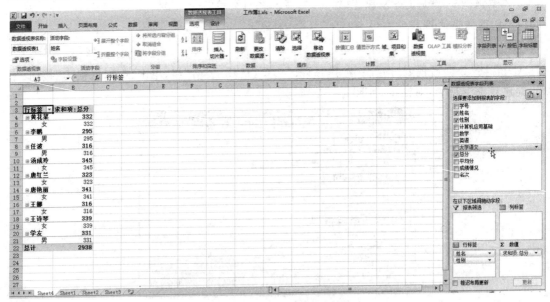

图 4-53　生成的数据透视表

4.5　图　表

如果将工作表中的数据以图表的形式展示出来，将会加深人们的记忆，会使数据更为人们所理解和接受。

4.5.1　图表的分类

Excel 2010 提供了 11 种图表类型。每种类型又具有几种不同的子类，分二维和三维图表，如图 4 - 54 所示。用户可根据需要选用适当的格式，以便较好地显示数据。下面对常见的几类进行介绍。

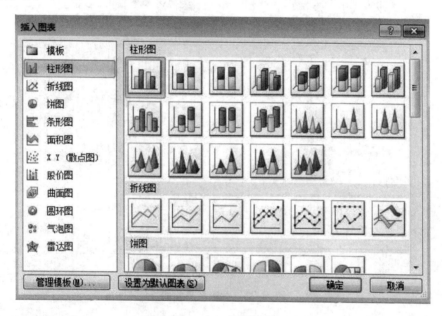

图 4 - 54　图表类型

柱形图：用于显示一段时间内数据变化或说明项目之间的比较结果，包括簇状柱形图、堆积柱形图、百分比堆积柱形图、三维簇状柱形图、三维堆积柱形图、三维百分比堆积柱形图、三维柱形图等 19 个子类。

条形图：显示各个项目之间的比较情况。它是柱形图的 90°旋转，包括簇状条形图、堆积条形图、百分比堆积条形图、三维簇状条形图、三维堆积条形图、三维百分比堆积条形图六个子类。

折线图：显示了相同间隔内由数据点构成的折线预测趋势，包括折线图、堆积折线图、百分比堆积折线图、数据点折线图、堆积数据点折线图、百分比堆积数据点折线图、三维折线图七个子类。

XY 散点图：既可以显示多个数据系列的数值关系，也可以将两组数字绘制成一系列的XY 坐标，包括散点图、平滑线散点图、无数据点平滑线散点图、折线散点图、无数据点折线散点图五个子类。

饼图：显示一个系列各数据在总体中所占的比例大小，包括饼图、三维饼图、复合饼图、分离型饼图、分离型三维饼图、复合条饼图六个子类。

另外,Excel 2010 还提供了面积图、圆环图、雷达图、曲面图、气泡图、股价图等。

4.5.2　创建图表

Excel 图表是依据 Excel 工作表中的数据创建的,所以在创建图表之前,首先要创建一张含有数据的工作表。组织好工作表后,就可以创建图表了。创建图表的操作如下:

① 首先选择用来创建图表的数据单元格区域,切换到"插入"选项卡,然后单击"图表"组中的"柱形图"按钮,在弹出的下拉列表中选择需要的柱形图表样式,如图 4-55 所示。

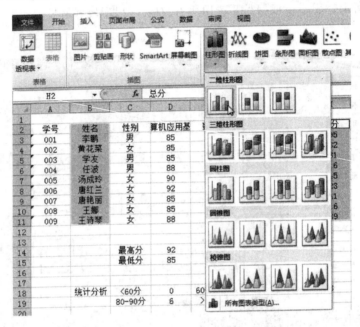

图 4-55　柱形图表样式

② 样式选择好后,系统会根据选择的数据区域在当前工作表中生成对应的图表,如图 4-56 所示。

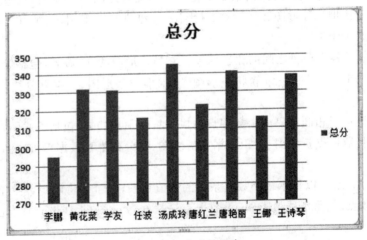

图 4-56　生成的图表

4.5.3　编辑图表

Excel 允许在建立图表之后对整个图表进行编辑,如更改图表类型、在图表中增加数据系列及设置图表标签等。

1. 更改图表类型

① 选中需要更改类型的图表,选项卡栏目出现"图表工具"选项卡,单击"设计"选项卡中的"更改图表类型"按钮,样式选择好后,系统会根据选择的数据区域在当前工作表中生成对应的图表,如图 4 - 57 所示。

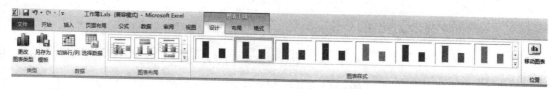

图 4 - 57　"更改图表类型"设置

② 在弹出的"更改图表类型"对话框左窗格中选择"饼图",右窗格中选择饼图样式,然后单击"确定"按钮。

③ 返回工作表,可看见当前图表的样式发生了变化,如图 4 - 58 所示。

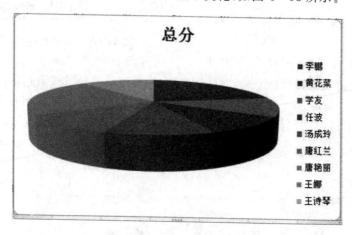

图 4 - 58　饼状图

2. 增加数据系列

如果在图表中增加数据系列,则可直接在原有图表上增添数据源。操作方法如下:

① 选中需要更改类型的图表,选项卡栏目出现"图表工具"选项卡,单击"设计"选项卡中的"选择数据"按钮。

② 弹出"选择数据源"对话框,如图 4 - 59 所示。

③ 单击"添加"按钮,弹出"编辑数据系列"对话框,单击"系列名称"右边的收缩按钮,选择需要增加的数据系列的标题单元格,单击"系列值"右边的收缩按钮,选择需要增加的系列的值,单击"确定"按钮。

把成绩表中的"平均分"增加到数据系列。操作方法如下:

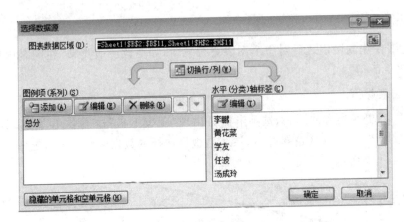

图 4-59 "选择数据源"对话框

① 单击"添加"按钮,弹出"编辑数据系列"对话框,如图 4-60 所示。

② 单击"系列名称"右边的收缩按钮,"编辑数据系列"对话框收缩;单击"I2"单元格,系列名称显示"=Sheet1!＄I＄2";单击右侧的展开按钮,展开"编辑数据系列"对话框。

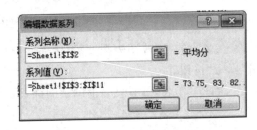

图 4-60 "编辑数据系列"对话框

③ 单击"编辑数据系列"对话框中"系列值"右边的收缩按钮,"编辑数据系列"对话框收缩;拖动鼠标选择"I3:I11"单元格区域,系列值显示"=Sheet1!＄I＄3:＄I＄11";单击右侧的展开按钮,展开"编辑数据系列"对话框,此时"编辑数据系列"对话框已有数据。

④ 单击"确定"按钮。返回工作表,便可看到图表中添加新的数据系列了,如图 4-61 所示。

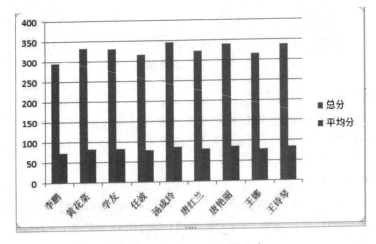

图 4-61 添加数据后的图表

3. 删除数据系列

如果在图表中需删除数据系列,则可直接在原有图表上删除数据源。操作方法如下:

在"选择数据源"对话框的"图例项(系列)"列表框中选中某个系列后,单击"删除"按钮,即可删除该数据系列。

4. 设置图表标签

对已经创建的图表,选中图表,切换到"图表工具"选项卡,单击"布局"选项卡,通过"标签"组中的按钮,可对图表设置图标标题、坐标轴标题、图例、数据标签和模拟运算表内等内容。

① 单击"图标标题"按钮,可对图表添加图表标题。

② 单击"坐标轴标题"按钮,可对图表添加主要横坐标轴和主要纵坐标轴标题。

③ 单击"图例"按钮,可选择图例显示的位置。

④ 单击"数据标签"按钮,可选择数据标签的显示位置。

⑤ 单击"数据表"按钮,可在图表中显示数据表。

对图表设置标签,实质上就是对图表进行自定义布局,Excel 2010 为图表提供了几种常用布局样式模板,从而快速对图表进行布局。操作方法是,选中需要布局的图表,出现"图表工具"选项卡,单击"设计"选项卡中的"图表布局"组中的按钮,即可对图表进行布局。

选择"插入"菜单中"图表"组,在图表向导对话框中选择图表类型,单击"完成"按钮生成当前设置格式的图表。

4.6　页面设置与打印

4.6.1　页面设置

1. 页　面

选择"页面布局"菜单,如图 4 - 62 所示。出现"页面设置"对话框,如图 4 - 63 所示。

图 4 - 62　"页面布局"菜单

纸张方向:选择纸张是横向或是纵向放置。

缩放:所选择的打印内容可以按原来尺寸打印,也可以进行缩放打印。缩放方式有两种供用户选择,一是按比例缩放;二是按页宽和页高缩放。

纸张大小:选择不同型号纸张,如 A4、B5 等。

打印质量:选择打印分辨率,以"点"为单位。单位点数越多,打印质量越好,但打印速度越慢,使用油墨越多。

图 4 - 63　"页面设置"对话框

起始页码:默认时,Excel 总是把要打印的第 1 页作为第一页,即起始页。用户也可以根据需要设置起始页使用的页码数。

2. 页边距

在"页面设置"对话框中,选择"页边距"选项卡中的自定义,可以设置页边距,如图 4 - 64 所示。

图 4 - 64　"页边距"选项卡

页边距指打印内容与纸张边缘之间的距离。通过该对话框,能十分方便地调整上下左右四个边距大小,还可以选择工作表的"水平居中"和"垂直居中"。

3. 页眉和页脚

如图 4 - 65 所示,在"页面设置"对话框中,选择"页眉/页脚"选项卡,可以设置打印页面的页眉和页脚。

图 4 - 65　"页眉/页脚"选项卡

4. 工作表选项

如图 4 - 66 所示,在"页面设置"对话框中,选择"工作表"选项卡,可以对工作表的打印项进行选择。

图 4 - 66　"工作表"选项卡

打印区域:在打印工作表时,可以打印整个工作表,这是默认设置,也可以选择其中的一部分进行打印。单击位于文本框右边的"压缩对话框"按钮使对话框暂时移开,以便选择工作表中的区域,选择完毕后再单击此按钮,对话框恢复。

打印标题:当要打印的工作表超过一页的高度或宽度时,就需要用多页来打印它们,此时如果希望每一页第一行或左端第一列有相同的标题,使用上述方法可以选择一行或一列分别作为"顶端标题行"或"左端标题列"。

4.6.2 打印输出

选择"文件"菜单,选择"打印",或者单击"页面设置"对话框中的"打印预览"按钮,如图4-67所示。左侧是打印设置,右侧是打印预览效果。

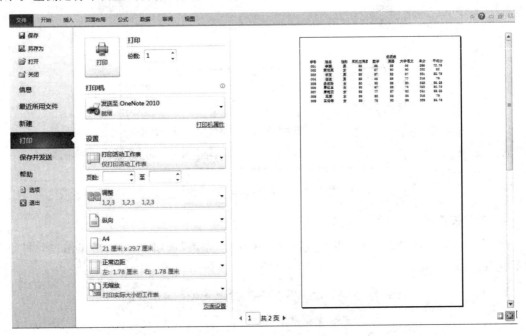

图4-67 "打印"设置

对话框中有若干区域,其含义分别如下:

打印机:如果系统中安装有多个打印驱动程序,则从列表框中选择一个打印驱动程序。所选驱动程序一定要与所接打印机一致。待打印的内容可以直接输出到打印机,也可以先输出到文件,然后将文件放到其他打印机上打印出来。

打印范围:如果待打印的内容有多页,则选择"全部"即选择打印所有页。如果只需打印其中的一页或几页,则确定起始页码即可。

4.7 邮件合并

在日常的办公过程中,可能需要利用很多数据表中大量数量信息制作出大量信函、信封、学生借阅证、学生成绩单、名片卡、请帖或者是工资条。面对如此繁杂的数据,难道只能一个一个地复制粘贴吗? 能保证过程中不出错吗?

其实,借助 Word 提供的一项功能强大的数据管理功能——"邮件合并",完全可以轻松、准确、快速地完成这些任务。这里特别组织了这个专题,详细讲解"邮件合并"以及具体用法,同时以实例剖析的方式帮助大家快速上手。

4.7.1　什么是"邮件合并"

什么是"邮件合并"呢？为什么要在"合并"前加上"邮件"一词呢？其实"邮件合并"这个名称最初是在批量处理"邮件文档"时提出的。具体地说就是在邮件文档(主文档)的固定内容中,合并与发送信息相关的一组通信资料(数据源,如 Excel 表、Access 数据表等),从而批量生成需要的邮件文档,因此大大提高工作的效率,"邮件合并"因此而得名。

显然,"邮件合并"功能除了可以批量处理信函、信封等与邮件相关的文档外,一样可以轻松地批量制作标签、工资条、学生借阅证、学生成绩单、名片卡、请帖等。

4.7.2　邮件合并的三个基本过程

前面讨论了邮件合并的使用情况,现在继续了解邮件合并的基本过程。理解了这三个基本过程,就抓住了邮件合并的"纲",以后就可以有条不紊地运用邮件合并功能解决实际任务了。

1. 建立主文档

"主文档"就是前面提到的固定不变的主体内容,如信封中的落款、信函中的对每个收信人都不变的内容等。使用邮件合并之前先建立主文档,是一个很好的习惯。一方面可以考查预计中的工作是否适合使用邮件合并,另一方面是主文档的建立,为数据源的建立或选择提供了标准和思路。

2. 准备好数据源

数据源就是含有标题行的数据记录表,其中包含着相关的字段和记录内容。数据源表格可以是 Word、Excel、Access 或 Outlook 中的联系人记录表。

在实际工作中,数据源通常是现成存在的,比如需要制作大量客户信封时,多数情况下,客户信息可能早已被客户经理做成了 Excel 表格,其中含有制作信封需要的"姓名""地址""邮编"等字段。在这种情况下,而直接拿过来使用,而不必重新制作。也就是说,在准备自己建立之前要先考查一下,是否有现成的可用。

如果没有现成的则要根据主文档对数据源的要求建立,根据习惯使用 Word、Excel、Access 都可以,实际工作时,常常使用 Excel 制作。

3. 把数据源合并到主文档中

建立好主文档并准备好数据源后,就可以将数据源中的相应字段合并到主文档的固定内容之中了,表格中的记录行数决定着主文件生成的份数。整个合并操作过程将利用"邮件合并向导"进行,使用非常轻松容易。

4.7.3　实例详细剖析

下面讲解利用"邮件合并"功能的方法批量制作学生借阅证的方法和步骤,希望大家能举一反三,制作出符合自己实际需要的效果来。

① 准备学生基本信息。

首先,需要利用 Excel 将制作借阅证所需要的信息以二维表格的形式全部输入其中。如图 4-68 所示。

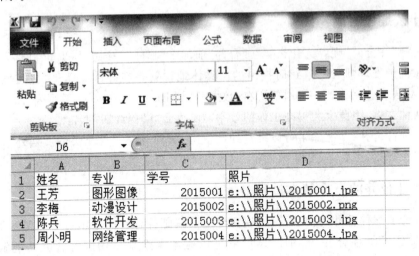

图 4-68 借阅证信息表

照片栏要填入照片实际地址(如 E:\\照片\\2015001.jpg),尤其要注意是"双斜杠"。

② 创建一个新 Word 文档,然后设计学生借阅证的版面,其中一种效果如图 4-69 所示。

姓名: 王芳

专业: 图形图像

学号: 2015001

图 4-69 借阅证效果图

③ 创建合并主文档,并设置主控文档类型。

启动 Word 2010,建立"借阅证"主控文档如图 4-70 所示。此时设置的主文档格式也将决定各个副本的显示和打印效果。

单击"邮件"选项卡,在下方工具栏中单击"开始邮件合并"选项,在下拉菜单中选择"信函"型主控文档并单击"确定"按钮,如图 4-71 所示。

④ 连接到数据源文件并选择工作表。

单击邮件合并工具栏上的"选择收件人"按钮,选择"使用现有列表",然后选择此次合并数据所在的工作表"学生基本信息表.xlsx"中相应标签页,并单击"确定"按钮,如图 4-72 和图 4-73 所示。

姓名：

专业：

学号：

图 4 - 70　"借阅证"主控文档

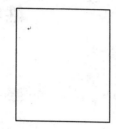

图 4 - 71　设置主控文档类型

图 4 - 72　选择"使用现有列表"

图 4 - 73　选择表格中的标签页

⑤ 向主文档插入合并域。

　　先将光标定位在需要插入合并域的位置上,然后单击并选择"邮件"选项卡|"编写和插入域"工具栏|"插入合并域"下拉菜单,在图 4 - 74 所示的图中选择相应的合并域,完成了一个合并域的插入。重复以上操作,直至将所需插入的合并域全部插入为止,如图 4 - 75 所示。

图 4-74 插入合并域

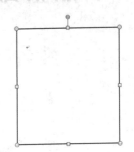

图 4-75 插入文字合并域后效果

对于照片的处理要分两步进行:首先,在照片区域使用 Ctrl+F9 快捷键将照片区域切换到代码方式,并在出现的大括号中输入域类型 IncludePicture,如图 4-76 所示。

其次,将光标移动到"IncludePicture"所在大括号末尾,再单击"插入合并域"|"照片"建立联系。此时照片区域会变为空白。

⑥ 合并数据源到新文档。

单击邮件合并工具栏上的"完成并合并"下拉菜单,选择"编辑单个文档"选项,如图 4-77 所示。在弹出的"合并到新文档"

图 4-76 输入域类型 IncludePicture

对话框中选择"全部"并按"确定"按钮,如图 4-78 所示,则可以生成数据源中所有学生的借阅证信息文档。

图 4-77 选择"编辑单个文档"选项

图 4-78 "合并到新文档"对话框

保存生成的新文档,此时文本类型的合并域会自动显示出来,而图片则需要使用 Ctrl+A 快捷键选中文档中所有内容后,再按 F9 快捷键进行刷新后才会显示出来。

值得注意的是:在按 F9 快捷键无法刷新出图片时,可以在一条记录的图片区域点击鼠标右键,在弹出菜单中选择"编辑域"选项,在弹出的"域"对话框中单击"域代码"显示出"高级域属性-域代码"文本框,如图 4 – 79 所示,在其中的"INCLUDEPICTURE"文本后删除一个空格使其与后续文档之间仅保留一个空格,单击"确定"按钮,此时图片就会显示出来。

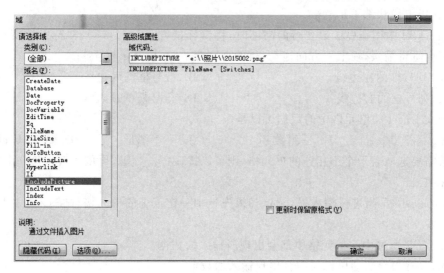

图 4 – 79 "域"对话框中显示域代码

思考与练习

一、判断题

1. 一个 Excel 2010 工作簿中,最多可以有 255 张工作表。( )

2. 启动中文 Excel 的步骤如下:① 将鼠标指向"开始"菜单,单击"开始"菜单;② 将鼠标指针移到"设置"命令,从中选择"Microsoft Excel"命令;③ 单击鼠标左键,出现中文 Excel 的基本操作界面。至此,中文 Excel 启动。( )

3. 要启动 Excel 只能通过"开始"菜单。( )

4. 在单元格中输入函数时,必须在函数名称之前先输入"=",Excel 才知道这里是函数。( )

5. Excel 提供了三种建立图表的方法。( )

6. 在 Excel 中,用户所进行的各种操作都是针对当前活动单元格进行的,即使已选中一定范围的单元格。( )

7. Excel 文档可转换为文本格式。( )

8. 为了在 Excel 中查看或修改当前打印机的设置,从"文件"菜单中选择"打印"选项,打开"打印机"对话框。( )

9. Excel 没有自动填充和自动保存功能。( )

10. Excel 中要在 A 驱动器存入一个文件,从"另存为"对话框的"保存位置"下拉列表框中选 A:。( )

二、单项选择题

1. 在 Excel 中,有关对齐的说法,正确的是( )。

A. 在默认情况下,所有文本在单元格中均左对齐

B. Excel 不允许用户改变单元格中数据的对齐方式

C. Excel 中所有数值型数据均右对齐

D. 以上说法都不正确

2. 在 Excel 中用拖曳法改变行的高度时,将鼠标指针移到(　　　),鼠标指针变成黑色的双向垂直箭头,往上下方向拖动,行的高度合适时,松开鼠标。

A. 列号框的左边线　　　　　　　　B. 行号框的底边线

C. 列号框的右边线　　　　　　　　D. 行号框的顶边线

3. 中义 Excel 的单元格中的数据可以是(　　　)。

A. 字符串　　　　B. 一组数字　　　　C. 一个图形　　　　D. A、B、C 都可以

4. 若需要选取若干个不相连的单元格,则可以按住(　　　)键,再依次选择每一个单元格。

A. Ctrl　　　　B. Alt　　　　C. Shift　　　　D. Enter

5. 在 Excel 中,当进行行输入操作时,如果先选中一定范围的单元格,则输入数据后的结果是(　　　)。

A. 凡是所选中的单元格中都会出现所输入的数据

B. 只有当前活动单元格中会出现输入的数据

C. 系统提示"错误操作"

D. 系统会提问是在当前活动单元格中输入还是在所有选中单元格中输入

6. Excel 中用来进行乘的标记为(　　　)。

A. ∧　　　　　　B. ()　　　　　　C. !　　　　　　D. *

7. 单击第一张工作表标签后,按住 Shift 键再单击第五张工作表标签,则选中(　　　)张工作表。

A. 0　　　　B. 1　　　　C. 2　　　　D. 5

8. 在 Excel 中一次排序的参照关键字最多可以有(　　　)个。

A. 1　　　　B. 2　　　　C. 3　　　　D. 多个

9. Excel 2010 工作簿所包含的工作表,最多可达(　　　)。

A. 256　　　　B. 128　　　　C. 255　　　　D. 无限制

10. 在 Excel 中,复制选定单元格文本数据时,需要将光标移到单元格边框右下角,使用自动填充柄方式,按住(　　　)键,并拖动鼠标。

A. Shift　　　　B. Ctrl　　　　C. Alt　　　　D. Esc

11. 以下(　　　)可用作函数的参数。

A. 数　　　　B. 单元　　　　C. 区域　　　　D. 以上都可以

12. 要获得 Excel 的联机帮助信息,可以使用的功能键是(　　　)。

A. Esc　　　　B. F10　　　　C. F1　　　　D. F3

13. 以下关于 Excel 的关闭操作,不正确的是(　　　)。

A. 双击标题栏左侧图标,可以关闭 Excel

B. 选择"关闭"命令,可以关闭 Excel

C. 选择"退出"命令,可以退出 Excel

D. 可以将在 Excel 中打开的所有文件一次性地关闭

14. 右击一个图表对象,(　　　)出现。

　　A. 一个图例　　　B. 一个快捷菜单　　　C. 一个箭头　　　D. 图表向导

15. 下面(　　)是绝对地址。

　　A. ＄D＄5　　　B. ＄D5　　　C. ＊A5　　　D. 以上都不是

16. Excel 在公式运算中,如果引用第 6 行的绝对地址,第 D 列的相对地址,则应为(　　)。

　　A. 6D　　　B. ＄6D　　　C. ＄D6　　　D. D＄6

17. Excel 电子表格 A1 到 C5 为对角构成的区域,其表示方法是(　　)。

　　A. A1:C5　　　B. C5:A1　　　C. A1＋C5　　　D. A1,C5

18. 在 Excel 中,若要对执行的操作撤销,则最多可以撤销(　　)次。

　　A. 1　　　B. 16　　　C. 100　　　D. 无数

19. 以下图标中,(　　)是"自动求和"按钮。

　　A. Σ　　　B. S　　　C. f　　　D. fx

三、多项选择题

1. 退出 Excel,可用下列(　　)方法。

　　A. 选择菜单栏上的"关闭"命令　　　B. 双击标题栏的程序控制按钮

　　C. 单击标题栏的"关闭"按钮×　　　D. 用键盘组合键 Alt＋F4

2. Excel 可以对工作表进行(　　)。

　　A. 删除　　　B. 命名　　　C. 移动　　　D. 复制

3. Excel 具有(　　)功能。

　　A. 编辑表格　　　B. 数据管理　　　C. 设置表格格式　　　D. 打印表格

4. 向 Excel 2010 工作表的任意单元格输入内容后,都必须确认后才认可。确认的方法是(　　)。

　　A. 双击该单元格　　　B. 单击另一单元格

　　C. 按 Tab 键　　　D. 按 Enter 键

5. 向 Excel 单元格中输入公式时,在公式前应加(　　)。

　　A. ＋　　　B. -　　　C. ＝　　　D. '

6. 在 Excel 中,(　　)在单元格中显示时靠右对齐。

　　A. 数值型数据　　　B. 日期数据　　　C. 文本数据　　　D. 时间数据

7. 一个工作簿可以有多个工作表,关于当前工作表的叙述正确的是(　　)。

　　A. 当前工作表只能有一个

　　B. 当前工作表可以有多个

　　C. 单击工作表队列中的表名,可选择当前工作表

　　D. 按住 Ctrl 键的同时,单击多个工作表名,可选择多个当前工作表

8. 在 Excel 中,当进行输入操作时,如果先选中一定范围的单元格,则输入数据后的结果错误的是(　　)。

　　A. 凡是所选中的单元格中都会出现所输入的数据

　　B. 只有当前活动单元格中会出现输入的数据

　　C. 系统提示"错误操作"

　　D. 系统会提问是在当前活动单元格中输入还是在所有选中单元格中输入

9. 下列关于 Excel 的叙述中,正确的有(　　　)。

　　A. 工作簿的第一个工作表名称都约定为 Book1

　　B. 执行"编辑"|"删除工作表"菜单命令,会删除当前工作簿的所有工作表

　　C. 双击某工作表标签,可以对该工作表重新命名

　　D. 函数可以是公式中的一个操作数

10. Excel 工作表进行保存时,可以存为(　　　)类型的文件。

　　A. 一般工作表文件,扩展名为.xls 　　　　B. 文本文件,扩展名为.txt

　　C. dBase 文件,扩展名为.dbf 　　　　　　D. Lotus1-2-3 文件,扩展名为.wki

实践训练　　　Excel 2010

1. 用 Excel 制作下列表格,学号使用填充柄的方法填充,使用函数计算总分,保存文件名为"4-1",扩展名缺省。

学生考试成绩表					
学号	姓名	语文	数学	英语	总分
231945510012001	张山峰	73	38	53	
231945510012002	刘起亮	68	52	75	
231945510013003	杨 帆	68	71	52	
231945510013004	汪海洋	56	48	62	

2. 用 Excel 制作下列表格。

① 利用相对引用计算每个学生的平均分并存入到平均分栏。

② 按平均分以升序重新排列成绩表。

③ 保存文件名为"4-2",扩展名缺省。

学生考试成绩表					
学号	姓名	高等数学	大学英语	计算机基础	平均分
900012	张山峰	73	38	53	
900034	刘起亮	68	52	75	
900051	杨 帆	68	71	52	
900006	汪海洋	56	48	62	

3. 用 Excel 制作下列表格,职工编号使用填充柄的方法填充,在扣款列后插入一列,列标题为"实发工资",计算出实发工资,保存文件名为"4-3",扩展名缺省。

职工工资统计表					
职工编号	姓名	基本工资	奖金	补贴工资	扣款
10012001	张山峰	1500	300	200	100
10012002	刘起亮	1100	200	210	50
10012003	杨 帆	1350	150	100	230
10012004	汪海洋	1250	230	150	100

4. 用 Excel 制作下列表格,在"折合人民币(万元)"列后插入一列,列标题为"合计",计算出各项捐款总计,最后绘制出部门三维饼图,保存文件名为"4 - 4",扩展名缺省。

<table>
<tr><td colspan="4">救灾物资统计表</td></tr>
<tr><td>单位</td><td>捐款/万元</td><td>实物/件</td><td>折合人民币/万元</td></tr>
<tr><td>部门一</td><td>1.5</td><td>73</td><td>2.7</td></tr>
<tr><td>部门二</td><td>1.2</td><td>68</td><td>2.9</td></tr>
<tr><td>部门三</td><td>0.7</td><td>68</td><td>3.1</td></tr>
<tr><td>部门四</td><td>0.68</td><td>56</td><td>1.3</td></tr>
</table>

5. 用 Excel 制作下列表格,学号使用填充柄的方法填充,使用函数计算总分,并以姓名、科目、总分为数据区建立一簇状柱形图。保存文件名为"1 - 3",扩展名缺省。

<table>
<tr><td colspan="6">学生考试成绩表</td></tr>
<tr><td>学号</td><td>姓名</td><td>语文</td><td>数学</td><td>英语</td><td>总分</td></tr>
<tr><td>231945510012001</td><td>张山峰</td><td>73</td><td>38</td><td>53</td><td></td></tr>
<tr><td>231945510012002</td><td>刘起亮</td><td>68</td><td>52</td><td>75</td><td></td></tr>
<tr><td>231945510012003</td><td>杨 帆</td><td>68</td><td>71</td><td>52</td><td></td></tr>
<tr><td>231945510012004</td><td>汪海洋</td><td>56</td><td>48</td><td>62</td><td></td></tr>
</table>

6. Excel 操作题。

在 Excel 中填入下表。

<table>
<tr><td colspan="6">某家庭各类支出情况</td></tr>
<tr><td></td><td>存款</td><td>娱乐</td><td>生活</td><td>其他</td><td>总支出</td></tr>
<tr><td>1990</td><td>1200</td><td>412</td><td>239</td><td>153</td><td></td></tr>
<tr><td>1991</td><td>3810</td><td>416</td><td>301</td><td>222</td><td></td></tr>
<tr><td>1992</td><td>3530</td><td>424</td><td>391</td><td>329</td><td></td></tr>
<tr><td>1993</td><td>4680</td><td>429</td><td>480</td><td>253</td><td></td></tr>
<tr><td>1994</td><td>4540</td><td>430</td><td>612</td><td>146</td><td></td></tr>
<tr><td>1995</td><td>5300</td><td>383</td><td>749</td><td>245</td><td></td></tr>
<tr><td>1996</td><td>3810</td><td>1123</td><td>773</td><td>234</td><td></td></tr>
<tr><td>1997</td><td>15130</td><td>1312</td><td>891</td><td>264</td><td></td></tr>
<tr><td>1998</td><td>3810</td><td>1568</td><td>1023</td><td>317</td><td></td></tr>
<tr><td>1999</td><td>12000</td><td>1456</td><td>1167</td><td>320</td><td></td></tr>
</table>

① 将标题行设置为:黑体、20 磅、粗体、红色、双下画线,合并及居中。

② 在相应的单元格中利用公式求出所有年份的总支出(总支出＝娱乐＋生活＋其他)。

③ 将表格(不含标题行)外框设定为最粗、红色实线,内框设定为细、绿实线。

④ 在工作表"各类支出"中,按"存款"的升序排序将制好的表格以文件名:ExcTable,保存类型:Microsoft Excel 工作簿,存放于"c:\"。

⑤ 根据工作表"存款"中数据按列方式生成非嵌入式图表,要求图表类型为"簇状柱形

图",图表标题为"获奖统计图",楷体、20 号、加粗。

⑥ 将工作表的名字改名为自己的姓名。

7. Excel 操作题。

在 Excel 中填入下表。

数码相机价目表						
品牌	型号	像素/万	存储容量/MB	价格	数量	金额
KODAK	DC3800	230	16	4500	35	
KODAK	DC4800	230	16	6300	70	
KODAK	DC5000	230	8	6600	100	
SONY	FD90	130	软盘	6800	80	
SONY	CD200	210	156	7500	50	
SONY	CD300	334	156	11000	44	
SONY	CD1000	210	156	13000	37	
OLYMPUS	2500L	250	8	6800	90	
OLYMPUS	3040Z	334	16	7200	100	
OLYMPUS	E10	400	16	14000	32	

① 将标题行设置为:黑体、20 磅、粗体、红色、双下画线,合并及居中。

② 品牌前增加一列编号,进行顺序填充。

③ 在相应的单元格中利用公式求出所有商品的金额(金额=价格×数量);用公式。

④ 将表格(不含标题行)外框设定为最粗、蓝色实线,内框设定为细、红色实线,表头与第一条记录之间设定为黄色双线。

⑤ 将工作表"数码相机价目表"改名为"产品销售一览表"。

⑥ 增加一行合计,并计算合计数。

⑦ 分类汇总各品牌的金额平均值。

⑧ 将制好的表格以文件名:ExcTable,保存类型:Microsoft Excel 工作簿,存放于当前文件夹中。

8. 对下表进行如下操作:

某高校师资情况统计表

职称	人数	职称占总人数比例	具有博士学位	博士学位占各职称比例	
教授	234			109	
副教授	456			237	
讲师	256			198	
助教	168			160	

① 将 Sheet1 工作表的 A1:E1 单元格合并为一个单元格,内容水平居中。

② 计算职称占总人数比例(数值型,保留小数点后两位)和博士学位占各职称比例(百分比型,保留小数点后两位)。

③ 选取 A2:B6、D2:D6 单元格区域数据建立"柱形圆柱图",图标题为"师资情况统计图",

图例靠上,设置图表背景墙图案区域颜色为白色,将图插入到表的 A8:E23 单元格区域内,将工作表重命名为"师资情况统计表",保存为 Excel.xls 文件。

9. 对下表进行如下操作:

某集团 2007 年各分公司产品销售统计表

分公司代号	销售额/万元	所占比例	销售额排名
G01	3728		
G02	2323		
G03	3901		
G04	9995		
G05	2890		
G06	10674		
G07	899		
G08	5270		
G09	8868		
G10	887		
总计			

① 将 Sheet1 工作表的 A1:D1 单元格合并为一个单元格,内容水平居中。

② 计算销售额的总计和"所占比例"列的内容(百分比型,保留小数点后两位)。

③ 按销售额的递减次序计算"销售额排名"列的内容(利用 RANK 函数)。

④ 将 A2:D13 区域格式设置为自动套用格式"序列 2"。

⑤ 选取"分公司代号"和"所占比例"列数据区域,建立"分离型三维饼图"(系列产生在"列"),将标题设置为"销售统计图",图例位置靠左,数据系列格式数据标志为显示百分比;将图插入到表的 A15:D26 单元格区域内,将工作表重命名为"销售统计表",保存为 Excel.xls 文件。

第 5 章　演示文稿软件 PowerPoint 2010

☞学习目标：
◆ 掌握演示文稿的建立和保存。
◆ 掌握演示文稿的播放与设置。
◆ 掌握演示文稿的编辑。
◆ 熟练应用动画与超链接。
◆ 熟练应用幻灯片对象与模板。

5.1　PowerPoint 2010 的启动与工作界面

PowerPoint 是一种功能强大并且可塑性强的图形文稿制作软件包。该文稿制作工具提供了在微型计算机上生成、显示和制作演示文稿、投影片、幻灯片的各种工具,同时在演示文稿中可以嵌入音频、视频及 Word 或 Excel 等其他应用程序对象。演示文稿是由若干张连续幻灯片所组成的文档,幻灯片是演示文稿的组成单位。

5.1.1　PowerPoint 2010 的启动

启动 Microsoft PowerPoint 2010 常用的方法有以下两种:
➤ 单击"开始"|"程序"|"Microsoft Office"|"Microsoft PowerPoint 2010",如图 5 - 1 所示。

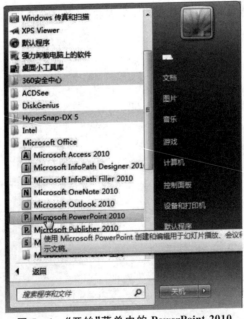

图 5 - 1　"开始"菜单中的 PowerPoint 2010

➢ 双击桌面上的"Microsoft PowerPoint 2010"快捷方式图标。

☺ 想一想

① 仿照 Word 或 Excel,有哪些方法可退出 PowerPoint 2010?

② 有时,退出 PowerPoint 2010 之前会出现如图 5-2 所示的对话框,该对话框上的三个按钮表示什么?

图 5-2　退出 PowerPoint 2010 时的对话框

5.1.2　PowerPoint 2010 的工作界面

PowerPoint 2010 提供了全新的工作界面,如图 5-3 所示。

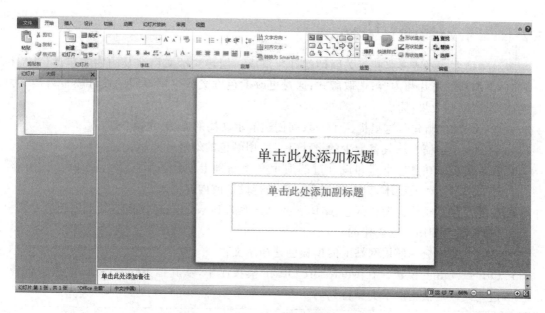

图 5-3　PowerPoint 2010 的工作界面

设置一个适合自己的工作环境,不仅操作方便而且节省时间。一般,通过"文件"|"选项"的巧妙设置(见图 5-4),可以达到理想的效果。

☺ 想一想

① 怎样对 PowerPoint 文稿进行加密设置和共享设置?

② 怎样设置演示文稿编辑过程中的自动保存时间?

③ 怎样设置演示文稿所保存的位置?

④ 怎样设置作者信息?

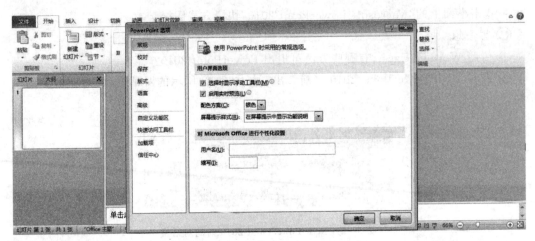

图 5-4　PowerPoint 2010 选项设置窗口

5.2　PowerPoint 2010 的常规操作

5.2.1　演示文稿的建立与保存

演示文稿由一张或多张相互关联的幻灯片组成。创建演示文稿涉及的内容包括:基础设计入门;添加新幻灯片和内容;选取版式;通过更改配色方案或应用不同的设计模板修改幻灯片设计;设置动态效果;播放。

单击"文件"|"新建",这里提供了一系列创建演示文稿的方法,包括:

➢ 空白演示文稿。从具备最少的设计且未应用颜色的幻灯片开始。

➢ 样本模板。在已经书写和设计过的演示文稿基础上创建演示文稿。使用此命令创建现有演示文稿的副本,以对新演示文稿进行设计或内容更改。

➢ 主题。在已经具备设计概念、字体和颜色方案的 PowerPoint 模板基础上创建演示文稿(模板还可使用自己创建的)。

➢ 网站上的模板。使用网站上的模板创建演示文稿。

➢ Office Online 模板。在 Microsoft Office 模板库中,从其他 PowerPoint 模板中选择。这些模板是根据演示类型排列的。

💡温馨提示

①"模板"是指演示文稿的外观,即演示文稿的背景或底图。"空演示文稿"可认为使用的是空白模板。

②"版式"是指每张幻灯片内容的具体布局和格式。同一演示文稿中各张幻灯片的版式可以不同,但一份演示文稿只能使用同一个模板。

③ 当启动 PowerPoint 2010 时,系统新建一份空白演示文稿(默认文件名"演示文稿 1.ppt"),并自动新建第一张幻灯片。

单击"文件"|"另存为"或"保存"命令来保存演示文稿文件。在"另存为"对话框中选择演示文稿文件要保存的磁盘、目录(文件夹)和文件名。文件系统默认演示文稿文件的扩展名为.ppt。

通常,对幻灯片有选择、插入、删除、复制、移动等操作。

单击某张幻灯片则选中了该张幻灯片;选择多张幻灯片,必须按住 Shift 键再单击要选择的幻灯片;单击"开始"|"编辑"|"全选"命令(快捷键 Ctrl＋A),选中所有幻灯片。

在当前幻灯片后插入新幻灯片:在"普通视图"下,将鼠标定在界面左侧的窗格中按 Enter 键;单击"插入"|"新幻灯片"命令(快捷键 Ctrl＋M)。

选中幻灯片后按 Delete 键或者使用右键快捷菜单选中"删除幻灯片",可删除幻灯片。

用鼠标拖动或利用"复制""粘贴"命令都可进行幻灯片的移动。

😊 想一想

① PowerPoint 对幻灯片的选择、插入、删除、复制、移动等操作与 Word 和 Excel 作比较?

② PowerPoint 另存为与 Word、Excel 中的另存为意义相同吗?

5.2.2　演示文稿的视图

Microsoft PowerPoint 2010 有四种主要视图:普通视图、幻灯片浏览视图、幻灯片放映视图和阅读视图。用户可以从这些主要视图中选择一种视图作为 PowerPoint 的默认视图,如图 5-5 所示。

图 5-5　演示文稿的四种主要视图

➤ 普通视图。它是主要的编辑视图,提供了无所不能的各项操作,常用于撰写或设计演示文稿。该视图有三个工作区域:左侧是幻灯片文本大纲("大纲"选项卡)和幻灯片缩略图("幻灯片"选项卡)之间切换的选项卡;右侧为幻灯片窗格,以大视图显示当前幻灯片;底部为备注窗格。

➤ 幻灯片浏览视图。它是以缩略图形式显示幻灯片的视图,常用于对演示文稿中各张幻灯片进行移动、复制、删除等各项操作。

➤ 幻灯片放映视图。它占据整个计算机屏幕,就像对演示文稿在进行真正的幻灯片放映。在这种全屏幕视图中所看到的演示文稿就是将来观众所看到的,包括图形、时间、影片、动画元素以及将在实际放映中看到的切换效果。

➤ 阅读视图。它占据整个计算机屏幕,进入演示文稿的真正放映状态,可供观众以阅读方式浏览整个演示文稿的播放。

工作窗口的右下角有这四种幻灯片视图的图标按钮,用户可单击切换。

5.2.3　新建演示文稿

创建演示文稿的方法有很多,在此介绍常见的"样本模板""主题""空演示文稿"三种创建方式。"样本模板""主题"这些模板带有预先设计好的标题、注释、文稿格式和背景颜色等。用户可以根据演示文稿的需要,选择合适的模板。

1．通过"样本模板"新建演示文稿

"样本模板"能为各种不同类型的演示文稿提供模板和设计理念。

如图5-6所示，在该对话框中，系统提供了九种标准演示文稿类型：PowerPoint 2010简介、都市相册、古典相册、宽屏演示文稿、培训等。单击某种演示文稿类型，右侧的列表框中将出现该类型的典型模式，用户可以根据需要选择其中的一种模式。

图 5-6　"样本模板"类型

单击选定某样板模板按钮，即完成了演示文稿的创建工作。新创建的演示文稿窗口如图5-7所示。可以看到，文稿、图形甚至背景等对象都已经形成，用户仅仅需要做一些修改和补充即可。

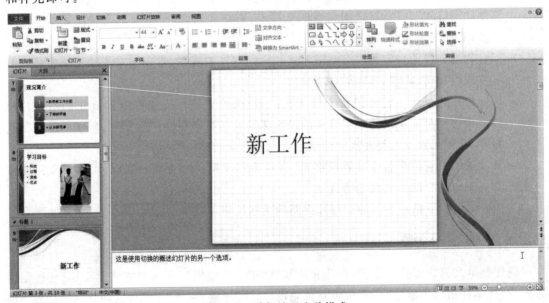

图 5-7　选择演示文稿样式

2．通过"主题"新建演示文稿

样本模板演示文稿注重内容本身，而主题模板侧重于外观风格设计。如图 5-8 所示，系统提供了暗香扑面、奥斯汀、跋涉等 30 多种风格样式，对幻灯片的背景样式、颜色、文字效果进行了各种搭配设置，如图 5-9 所示。

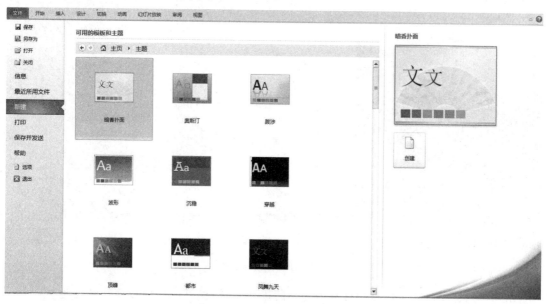

图 5-8　演示文稿的主题模板

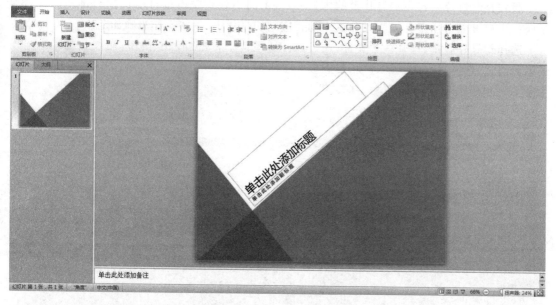

图 5-9　"角度"风格主题模板

3．新建空白演示文稿

在工作窗口右边的"可用模板和主题"选项中单击"空演示文稿"选项，都将同样出现如图 5-10 所示的对话框，但创建的是一个系统默认固定格式和没有任何图文的空白演示文稿。

空白幻灯片上有一些虚线框,称为对象的占位符。例如,单击占位符,确定插入点,可以在右位符里添加图像和文字等。

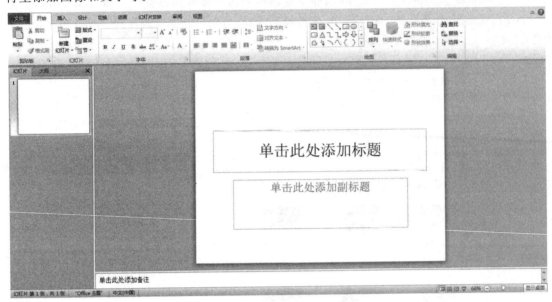

图 5-10　空演示文稿

用户可以选用版式来调整幻灯片中内容的排列方式,也可使用模板简便快捷地统一整个演示文稿的风格。下面介绍幻灯片选用版式的方法。

版式是幻灯片内容在幻灯片上的排列方式,不同的版式中占位符的位置与排列的方式也不同。用户可以选择需要的版式并运用到相应的幻灯片中,具体操作步骤如下:

选择幻灯片版式,打开一个文件,在"开始"选项卡下单击"版式"按钮,在展开的库中显示了多种版式,选择"两栏内容"选项,如图 5-11 所示。

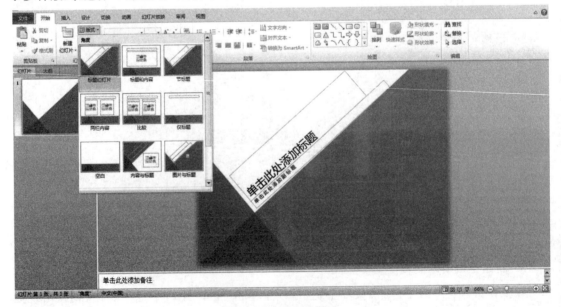

图 5-11　幻灯片版式

5.2.4　打开已有的演示文稿

PowerPoint 可在菜单栏中选择"文件"|"打开"命令,也可使用 Ctrl＋O 快捷键。无论采用以上哪种方式,都会弹出一个"打开"对话框。在"查找范围"中选择要打开的文件存放的位置,窗口中会显示该位置上存放的所有文件的文件名,选择要打开的文件名,单击"打开"按钮即可。

5.2.5　关闭和保存演示文稿

1. 关闭演示文稿

PowerPoint 允许用户同时打开并操作多个演示文稿,所以关闭文稿可分为:关闭当前演示文稿和同时关闭所有演示文稿。

关闭当前演示文稿:单击菜单栏上的"关闭"按钮 ✖ 或选择"文件"|"关闭"选项。

关闭所有演示文稿并退出 PowerPoint:单击标题栏上的"关闭"按钮 ✖ 或选择"文件"|"退出"选项。

☺ 想一想

当同时打开或编辑多个 PowerPoint 文档时,如果想一次性地将这些文档保存或关闭,应怎样操作?

2. 保存演示文稿

刚刚创建好的演示文稿要把它保存起来,以后才能重复利用。PowerPoint 有两种方式用于保存演示文稿:

➢ 选择"文件"|"保存"命令。如果文稿是第一次存盘,则会出现"另存为"对话框。这与 Word 一致。在对话框中选择文稿的保存位置,然后输入文件名,单击"确定"按钮即可。

➢ 直接按 Ctrl＋S 快捷键。

5.2.6　演示文稿的播放

制作好演示文稿后,下一步就是要播放给观众看,放映是设计效果的展示。在幻灯片放映前可以根据使用者的不同,通过设置放映方式满足各自的需要。

1. 设置放映方式

选择"幻灯片放映"|"设置放映方式"命令,调出"设置放映方式"对话框,如图 5－12 所示。

(1) 放映方式

在对话框的"放映类型"选项组中,三个单选按钮决定了放映的三种方式:

➢ 演讲者放映。以全屏幕形式显示。演讲者可以通过 PgDn、PgUp 键显示上一张或下一张幻灯片,也可右击幻灯片从快捷菜单中选择幻灯片放映或用绘图笔进行勾画,好像拿笔在纸上绘画一样直观。

➢ 观众自行浏览。以窗口形式显示。可以利用滚动条或"浏览"菜单显示所需的幻灯片;还可以通过"文件"|"打印"命令打印幻灯片。

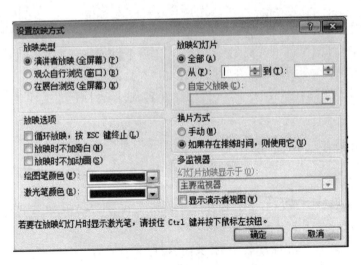

图 5-12 "设置放映方式"对话框

> 展台浏览。以全屏幕形式在展台上做演示用。在放映过程中,除了保留鼠标指针用于选择屏幕对象外,其余功能全部失效(连中止也要按 Esc 键)。

(2) 放映范围

"放映幻灯片"选项组提供了幻灯片放映的范围有三种:全部、部分、自定义放映。其中,"自定义放映"是通过"幻灯片放映"|"自定义幻灯片放映"命令,逻辑地将演示文稿中的某些幻灯片以某种顺序排列,并以一个自定义放映名称命名,然后在"幻灯片"下拉列表框中选择自定义放映的名称,就仅放映该组幻灯片。

(3) 换片方式

"换片方式"选项组供用户选择换片方式是手动还是自动换片。PowerPoint 2010 提供了三种放映方式供用户选择:

> 循环放映,按 Esc 键终止。当最后一张幻灯片放映结束时,自动转到第一张幻灯片再次放映。
> 放映时不加旁白。在播放幻灯片的进程中不加任何旁白,如果要录制旁白,则可以选择"幻灯片放映"|"录制旁白"选项。
> 放映时不加动画。该项选中,则放映幻灯片时,原来设定的动画效果将不起作用。如果取消选择"放映时不加动画",则动画效果又将起作用。

> 💡**温馨提示**
> 幻灯片内对象的放映速度和幻灯片间的切换速度通过"自定义动画"和"幻灯片切换"命令设置,也可以通过"排练计时"命令设置。

2. 执行幻灯片演示

按功能键 F5 从第一张幻灯片开始放映(同"幻灯片放映"|"观看放映"),按 Shift+F5 快捷键从当前幻灯片开始放映。在演示过程中,还可单击屏幕左下角的图标按钮、从快捷菜单或用光标移动键(→,↓,←,↑)均可实现幻灯片的选择放映。

5.3　幻灯片对象与母板

幻灯片中只有包含了艺术字、图片、图形、按钮、视频、超链接等元素,才会美观漂亮,精彩纷呈! 这些对象均需要插入,并对它们进行进一步的编辑和格式设置。

5.3.1　幻灯片中对象插入

1. 文本输入与编辑

PowerPoint 2010 中的文本有标题文本、项目列表和纯文本三种类型。其中,项目列表常用于列出纲要、要点等,每项内容前可以有一个可选的符号作为标记。文本内容通常在"大纲"或"幻灯片"模式下输入。

（1）在大纲模式下输入文本

大纲模式下默认第一张幻灯片为"标题幻灯片",其余的为"标题与项目列表"版式。

➢ 输入标题。将插入点移至幻灯片序号及图标之后的适当位置输入标题,按 Enter 键后即进入下一张标题的输入。

➢ 各级标题的切换。选择大纲模式左列工具栏中的左、右箭头,即可以使当前标题进入上、下一级标题。

（2）在幻灯片模式下输入文本

用鼠标单击幻灯片的文本框区域,框的各边角上有八个小方块(尺寸控点),此时即可在该文本框中输入文本内容。

2. 对象及操作

对象是幻灯片中的基本成分,是设置动态效果的基本元素。幻灯片中的对象被分为文本对象(标题、项目列表、文字批注等)、可视化对象(图片、剪贴画、图表、艺术字等)和多媒体对象(视频、声音、Flash 动画等)三类,各种对象的操作一般都是在幻灯片视图下进行,操作方法也基本相同。

（1）对象的选择与取消

单击对象实现对象单选,按 Shift 键同时单击对象实现对象连选,对象被选中后四周形成一个方框,方框上有八个控点,可对对象进行缩放。被选择的对象在进行操作时被看作一个整体。取消选择只需在被选择对象外单击鼠标即可。

（2）对象插入

要使幻灯片的内容丰富多彩,需在幻灯片上添加一个或多个对象。这些对象可以是文本框、图形、图片、艺术字、组织结构图、Word 表格、Excel 图表、声音、影片等。这些对象除了声音和影片外都有其共性,如缩放、移动、加框、置色、版式等,这些对象均从"插入"菜单中插入(见图 5-13),对它们的操作方法与 Word 相似。

> 💡**温馨提示**
>
> ① 插入声音文件后,会在幻灯片中显示出一个小喇叭图片。在幻灯片放映时,通常会显示在画面中,为了不影响播放效果,通常将该图标移到幻灯片边缘处。

② 如果想让插入的声音文件在多张幻灯片中连续播放,则可以这样设置:在第一张幻灯片中插入声音文件,选中"播放"菜单,在"开始"选项设置中选择"跨幻灯片播放",如图5-14所示。

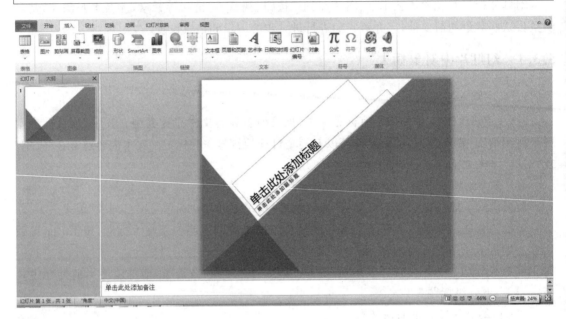

图5-13 插入图片示例

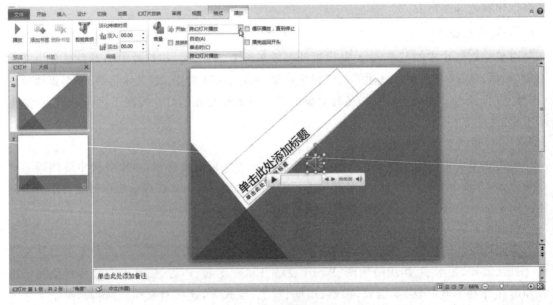

图5-14 播放声音对话框

（3）插入图表

除Excel图表外,对于一些较小的统计图表,可以直接在PowerPoint 2010中设计。选择"插入"|"图表"命令,屏幕上出现数据表后,修改数据表中横行和竖行上的数据,单击幻灯片上

的空白处就可以建立数据表所对应的统计表,如图 5 - 15 所示。

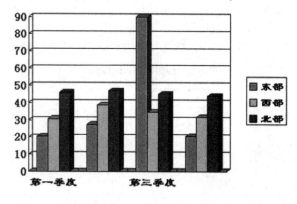

图 5 - 15　插入图表示例

(4)录制声音

如果对现有的影音文件都不满意,则可以自行录制声音插入到演示文稿中。

① 选定要添加声音的幻灯片。

② 选择"插入"|"音频"|"录制声音"命令,出现"录音"对话框。

③ 单击"录音"按钮开始录音,单击"停止"按钮停止录音。单击"播放"按钮可以听到录制的效果,不满意就重新录制。

④ 录制完毕后在"名称"文本框内输入声音文件的名称,单击"确定"按钮就可以把声音文件插入到幻灯片中。

当然,如果想录音,就必须要配备有话筒。

> 💡温馨提示
>
> 　插入的视频:选择"插入"|"视频"|"文件中的视频"命令。出现"插入视频"对话框。在对话框中选择要插入的视频文件,单击"确定"按钮即可在当前幻灯片中插入视频内容。插入视频后,可在"播放"菜单中设置视频是否在幻灯片放映时自动播放影片。否则,只有当用户单击影片时,才播放影片文件。

5.3.2　幻灯片外观设计

PowerPoint 2010 由于采用了模板,所以可以使同一演示文稿的所有的幻灯片具有一致的外观。控制幻灯片外观的方法有三种:母版、配色方案和应用设计模版。

1. 使用母版

母版用于设置演示文稿中每张幻灯片的最初格式,这些格式包括每张幻灯片标题及正文文字的位置、字体、字号、颜色,项目符号的样式、背景图案等。

根据幻灯片文字的性质,PowerPoint 2010 母版可以分成幻灯片母版、讲义母版和备注母版三类。其中,最常用的是幻灯片母版,因为幻灯片母版控制的是除标题幻灯片以外的所有幻灯片的格式。

单击"视图",选择"母版视图"组中的"幻灯片母版",如图 5 - 16 所示。它有五个占位符,用来确定幻灯片母版的版式。

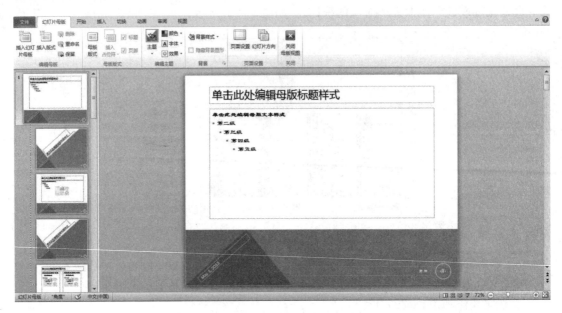

图 5-16 幻灯片母版

(1) 更改文本格式

在幻灯片母版中选择对应的占位符,如标题或文本样式等,更改其文本及其格式。修改母版中某一对象格式,可以同时修改除标题幻灯片外的所有幻灯片对应对象的格式。

(2) 设置页眉、页脚和幻灯片编号

在幻灯片母版状态选择"插入"菜单中"文本"组的"页眉和页脚"命令,调出"页眉和页脚"对话框,选择"幻灯片"页面(见图 5-17),设置页眉、页脚和幻灯片编号。

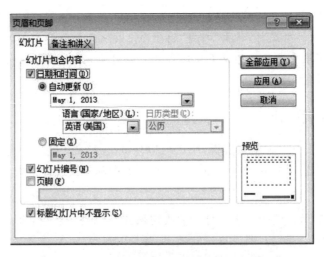

图 5-17 "页眉和页脚"对话框

(3) 向母版插入对象

当每张幻灯片都需要添加同一对象时,只需向母版中添加该对象。例如,插入 Windows 图标(文件名为 WINDOWS. BMP)后,除标题幻灯片外每张幻灯片都会自动在固定位置显示该图标,如图 5-18 所示。通过幻灯片母版插入的对象,不能在幻灯片状态下编辑。

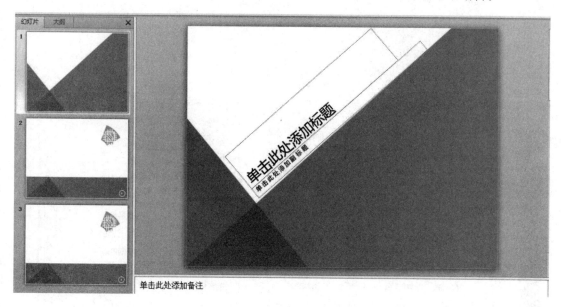

图 5-18　利用幻灯片母版添加图片

2. 重新配色

选择"设计"|"颜色""字体""效果"命令可以对幻灯片的文本、背景、强调文字等各个部分进行重新配色。可以在"颜色"|"新建主题颜色"中对幻灯片的各个细节定义自己喜欢的颜色,还可以在"设计"|"背景"里设置不同的幻灯片背景效果。

5.4　动画与超链接

PowerPoint 2010 提供了动画和超链接技术,使幻灯片的制作更为简单灵活,演示锦上添花,有网页的效果。

5.4.1　动画设计

为幻灯片上的文本和各对象设置动画效果,可以突出重点、控制信息的流程、提高演示的效果。在设计动画时,有两种动画设计:一种是幻灯片内各对象或文字的动画效果;另一种是幻灯片切换时的动画效果。

1. 幻灯片内动画设计

幻灯片内动画设计指在演示一张幻灯片时,依次以各种不同的方式显示片内各对象。

设置片内动画效果一般在"动画"菜单中进行。下面以设置对象"百叶窗"动画为例,具体设置过程如下:

1) 选中需要设置动画的对象,选择"动画"|"添加动画"命令。

2) 在随后弹出的下拉列表中,依次选择"进入"|"其他效果"选项,打开"添加进入效果"对话框,如图 5-19 所示。

3) 选中"百叶窗"选项,单击"确定"按钮,如图 5-20 所示。

图 5-19 设置添加动画

图 5-20 添加进入效果

💡 **温馨提示**

如果需要设置一些常见的进入动画,则可以在"进入"菜单下面直接选择。

如果一张幻灯片中的多个对象都设置了动画,则需要确定其播放方式(是"自动播放"还是"手动播放")。下面,以第二个动画设置在上一个动画之后自动播放进行说明:

展开"计时"任务窗格,单击第二个动画方案,单击"开始"右侧的下三角按钮,在随后弹出的快捷菜单中,选择"上一动画之后"选项即可,如图 5-21 所示。

💡 **温馨提示**

在"动画"|"效果选项"中单击"显示其他效果选项",在弹出的对话框中进行自定义动画播放方式的设置,如图 5-22 所示。

如果想取消某个对象的动画效果,则直接在幻灯片编辑窗口中选中该动画效果标号,然后按 Delete 键即可。

以下利用其他动作路径制作一个卫星绕月的 PowerPoint 实例。

① 新建一空白幻灯片,选择"设计"菜单里的"背景"组,在"背景样式"里选择"设置背景格式"。如图 5-23 所示,插入"星空图"作为幻灯片背景。然后执行"插入"|"图像"|"图片"依次

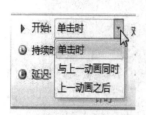

图 5 - 21　自定义动画对话框

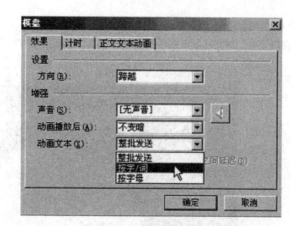

图 5 - 22　设置动画播放方式

图 5 - 23　"设置背景格式"对话框

插入"月球图"和"卫星图",调整好大小比例和位置,如图 5 - 24 所示。

　　② 创建动画效果:选定"卫星图"后执行"动画"|"添加动画"|"其他动作路径",在弹出的"添加动作路径"对话框中选择"基本"类型的"圆形扩展",如图 5 - 25 所示。然后用鼠标通过六个控制点调整路径的位置和大小。把它拉成椭圆形,并调整到合适的位置。

　　③ 设置动画:在幻灯片编辑窗口中用鼠标左键双击刚才创建的"圆形扩展动画",打开"圆形扩展"设置面板,用鼠标左键单击"计时",把其下的"开始"类型选为"与上一动画同时",速度选为"慢速(3 秒)",重复选为"直到幻灯片末尾",如图 5 - 26 所示。这样卫星就能周而复始地一直自动绕月飞行了。还可以通过 Word 章节介绍的绘制图形知识,将该图形整体效果完善,此处不再一一阐述。

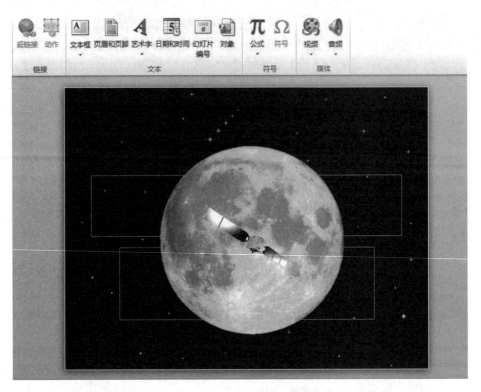

图 5-24 素材图添加效果

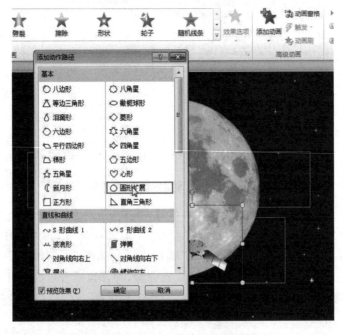

图 5-25 动作路径设置

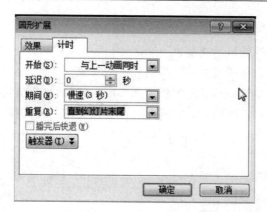

图 5 - 26　"圆形扩展"对话框

> **温馨提示**
>
> 其余动画设置项目，如强调动画、退出动画、动作路径等，读者可以按照上述方式进行相应设置。

2. 设置幻灯片间切换效果

为了增强 PowerPoint 幻灯片的放映效果，可以为每张幻灯片设置切换方式，幻灯片间的切换效果是指两张连续的幻灯片在播放之间如何变换，如水平百叶窗、溶解、盒状展开、随机、向上推出等。

设置幻灯片切换效果一般在"幻灯片浏览"窗口进行。具体步骤如下：

① 选中需要设置切换方式的幻灯片。

② 执行"切换"|"切换到此幻灯片"命令。

③ 选择一种切换方式（如"淡出"），并根据需要设置好"持续时间""声音""换片方式"等选项，完成设置，如图 5 - 27 所示。

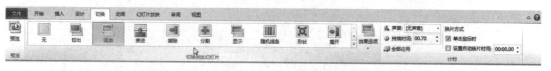

图 5 - 27　幻灯片切换设置

> **温馨提示**
>
> 如果需要将此切换方式应用于整个演示文稿，则只要在上述窗格中，单击"全部应用"按钮就可以了。

5.4.2　演示文稿中的超链接

在演示文稿中添加超链接，使得在播放时利用超链接可以跳转到演示文稿的某一张幻灯片、其他演示文稿、Word 文档、Excel 电子表格、Intranet 地址等不同的位置。

创建超链接起点可以是任何文本或对象，激活超链接最好用单击鼠标的方法。设置了超链接，代表超链接起点的文本会添加下画线，并且显示成系统配色方案指定的颜色。创建超链接有使用"超链接"命令和"动作按钮"两种方法。

1. 使用"超链接"命令

① 保存要进行超链接的演示文稿。

② 在幻灯片视图中选择要设置超链接的文本或对象。

③ 选择"插入"|"链接"命令,显示如图5-28所示的"插入超链接"对话框。

④ 在"插入超链接"对话框中,通过巧妙设置,可以实现各种链接。

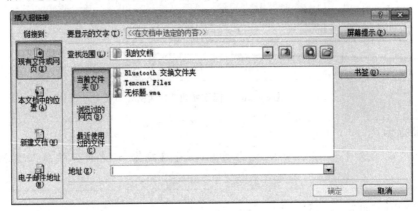

图5-28 "插入超链接"对话框

2. 使用"动作"按钮

选择"插入"|"动作"命令,可以创建同样效果的超链接。在超链接激活后,跳转到幻灯片。返回到原超链接起点的方法如下:

选择"插入"|"动作"命令,系统显示如图5-29所示的"动作设置"对话框。

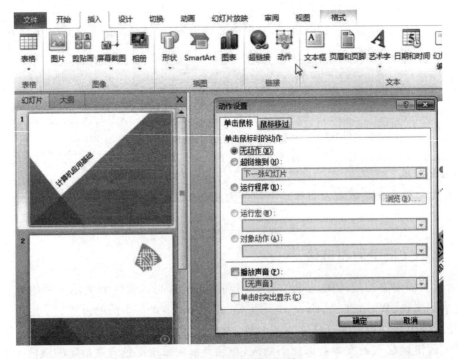

图5-29 "动作设置"对话框

在"动作设置"对话框中：

➢ "单击鼠标"选择卡。单击鼠标启动跳转。

➢ "鼠标移过"选择卡。移过鼠标启动跳转。

➢ "超链接到"选项。在下拉列表框中选择跳转的位置。

💡**温馨提示**

在"动作设置"对话框中可选择激发事件是"单击鼠标"还是"鼠标滑过"以及播放时的声音！链接对象可以是某一张幻灯片，也可以是其他演示文稿，还可以是其他文件。

☺ **想一想**

怎样操作取消已设置的超链接？怎样更改链接文字的颜色？怎样去掉链接文字的下画线？怎样设置链接提示信息？

5.5　打印演示文稿

幻灯片除了可以放映给观众观看外，还可以打印出来进行分发，这样观众以后还可以用来参考。所以打印幻灯片还是很有必要的。

打印有两个步骤：

（1）页面设置

页面设置主要设置了幻灯片打印的大小和方向。选择"设计"|"页面设置"命令，出现"页面设置"对话框，如图 5 - 30 所示。在对话框内设置打印的幻灯片大小、方向以及幻灯片编号起始值。设置完成后，单击"确定"按钮。

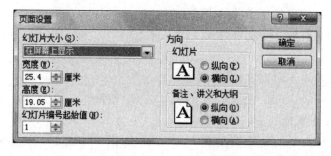

图 5 - 30　"页面设置"对话框

（2）打　印

选择"文件"|"打印"命令，出现"打印"对话框，如图 5 - 31 所示。可以根据自己的需要进行打印设置。比如：打印幻灯片采用的颜色、打印的内容、打印的范围、打印的份数以及是否需要打印成特殊格式等。

在"打印"对话框中，打印机"名称"栏内可以选择打印机的名称。单击旁边的"属性"按钮，可以弹出对话框，设置打印机属性、纸张来源、大小等。

对话框底端的复选框内还可以对打印采用的颜色进行设置。做完上述设置后，就可以打印了。

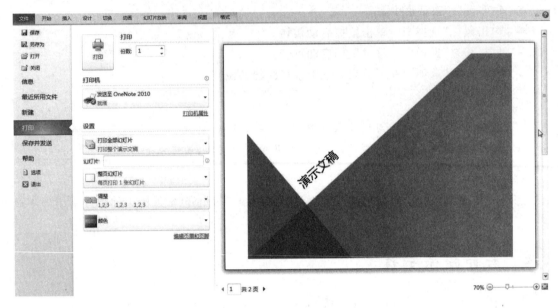

图 5-31 "打印"对话框

思考与练习

一、判断题

1. 制作演示文稿的封面应是第一张幻灯片,且版式必须为"标题幻灯片"。（   ）
2. 已处理好的幻灯片,是不能再更改其版式的。（   ）
3. 每一张幻灯片均可使用不同的版式。（   ）
4. 同一个对象可设置多种动画效果。（   ）

二、单项选择题

1. 在空白幻灯片中不可以直接插入（   ）。
   A. 艺术字　　　　B. 公式　　　　　　C. 文字　　　　　　D. 文本框
2. PowerPoint 系统是一个（   ）软件。
   A. 文字处理　　　B. 表格处理　　　　C. 图形处理　　　　D. 文稿演示
3. 如要终止幻灯片的放映,可直接按（   ）键。
   A. Ctrl+C　　　　B. Esc　　　　　　C. End　　　　　　D. Alt+F4
4. 下列操作中,不是退出 PowerPoint 的操作是（   ）。
   A. 单击"文件"下拉菜单中的"关闭"命令
   B. 单击"文件"下拉菜单中的"退出"命令
   C. 按组合键 Alt+F4
   D. 双击 PowerPoint 窗口的"控制菜单"图标
5. 新建一个演示文稿时第一张幻灯片的默认版式是（   ）。
   A. 项目清单　　　B. 两栏文本　　　　C. 标题幻灯片　　　D. 空白
6. 在 PowerPoint 中,如果要设置文本链接,则可以选择（   ）菜单中的"超链接"。

A. 编辑　　　　　B. 格式　　　　　C. 工具　　　　　D. 插入

7.（　　）不是合法的"打印内容"选项。

A. 幻灯片　　　　B. 备注页　　　　C. 讲义　　　　　D. 幻灯片预览

三、多项选择题

1. PowerPoint 的母版有（　　）等几种。

A. 幻灯片母版　　B. 版式母版　　　C. 大纲母版　　　D. 备注母版

2. 一般地，一个演示文稿可采用（　　）多部分组成。

A. 幻灯片　　　　B. 备注　　　　　C. 讲义　　　　　D. 大纲

3. 创建的超链接可跳到（　　）等不同的位置。

A. 当前的幻灯片　　　　　　　　　B. 另一张幻灯片

C. 某一应用程序文档　　　　　　　D. Internet 地址

4. 新建一个演示文稿可采用（　　）等方法来实现。

A. 内容提示向导　　　　　　　　　B. 系统设计模版

C. 导入 Word 文件的大纲　　　　　D. 创建空演示文稿

5. 演示文稿的母版分为（　　）和备注母版。

A. 幻灯片母版　　B. 大纲母版　　　C. 讲义母版　　　D. 标题母版

6. 可以对幻灯片背景样式中的（　　）进行设置。

A. 填充　　　　　B. 图片更正　　　C. 图片颜色　　　D. 艺术效果

7. 在幻灯片"动画"中，可对选定对象进行（　　）等方面的动画效果设置。

A. 动画方式　　　B. 动画声音　　　C. 动画时间　　　D. 动画顺序

8. 幻灯片中可设置动画效果的对象可以是（　　）。

A. 文本　　　　　B. 图形　　　　　C. 表格　　　　　D. 艺术字体

四、填空题

1. 在 PowerPoint 中，可以对幻灯片进行移动、删除、复制、设置动画效果，但不能对单独的幻灯片的内容进行编辑的视图是_____。

2. 如要在幻灯片预览视图中选定若干张幻灯片，那么应先按住_____键，再分别单击各幻灯片。

实践训练一

1. 用 PowerPoint 制作一个含有两张幻灯片的演示文稿，主文件名取为"1-4"，扩展名缺省。第一张幻灯片版式为"标题幻灯片"，标题为"计算机应用基础"（楷体_GB2312、60磅、红色），副标题为"主讲人：张凯"；第二张幻灯片版式为"文本与剪贴画"，标题为"计算机的组成"，在左侧文本区中输入文字"显示器、主机、键盘、鼠标等"，右侧剪贴画为"办公室"类别中的"计算机"。将全部幻灯片的背景设置为"蓝色"。

2. 制作介绍所在学校的幻灯片，要求图文并茂，内容不少于五页（包含学校信息教育现状介绍）。

3. 根据实际情况，制作一份生动有趣的"个人简历.pptx"的演示文稿。

要求：至少有十张以上的幻灯片，且图文并茂。

实践训练二

如下图制作演示文稿并按照下列要求完成操作并保存为 yswg1.pptx。

分质供水　离我们有多远

分质供水

- 随着社会的日益发展，人们的生活标准越来越高，许多城市家庭用上了纯净水，无须处理即可直接引用。

要赶上欧美国家的标准，还需要很长一段时间

- 北京自来水水质检测中心高先生也喝生水，他们家孩子也喝，他说没有什么顾虑，北京的水处理得很好，一出来就肯定符合国家饮用水的标准。
- 同样是达标，但我们和其他国家达到的标准也不一样。水环境研究所室主任向连城说，我国的水质不如欧美国家的水质好。……

1. 将第一张幻灯片的标题设置为 54 磅、加粗。第二张幻灯片版式改为"垂直排列标题与文本"，在第二张幻灯片的备注区输入"最近上海十几个新建小区用上了分质供水"。将第二幻灯片移动为演示文稿的第三张幻灯片。插入新幻灯片，作为最后一张幻灯片，版式为"标题和内容"，标题输入"美苑花园"，在内容区插入剪贴画"buildings，homes，houses，lakes"，剪贴画的动画效果设置为"进入""旋转""水平""慢速"。
2. 将所有幻灯片的背景纹理设置为"水滴"，切换效果为"中央向上下展开"。

实践训练三

如下图制作演示文稿并按照下列要求完成操作并保存为 yswg2.pptx。

1. 将第一张幻灯片版式改为"垂直排列标题与文本",标题文字设置为 48 磅、加粗。将第二张幻灯片中的图片移到第一张幻灯片的左下角,设置图片的缩放比例为 60%。第一张幻灯片中的标题的动画效果为"飞入""自左侧""快速",文本动画效果为"棋盘""下""快速";动画顺序为先标题后文本。

2. 将所有幻灯片的背景纹理设置为"新闻纸";幻灯片的放映方式设置为"观众自行浏览"。

第 6 章　计算机网络与 Internet 技术基础

☞ **学习目标：**

◆ 掌握计算机网络基础知识。

◆ 熟悉计算机网络的组成。

◆ 掌握 Internet 技术基础。

◆ 了解 Windows 7 网络应用。

6.1　计算机网络基础知识

随着计算机技术的迅猛发展，计算机的应用逐渐渗透到各个技术领域和整个社会的各个方面。社会的信息化、数据的分布处理、各种计算机资源的共享等各种应用要求都推动计算机技术朝着群体化方向发展，促使计算机技术与通信技术紧密结合。计算机网络属于多机系统的范畴，是计算机和通信这两大现代技术相结合的产物，它代表着当前计算机体系结构发展的一个重要方向。

计算机网络就是利用通信设备和线路将地理位置分散、功能独立的多个计算机互连起来，以功能完善的网络软件（即网络通信协议、信息交换方式和网络操作系统等）实现网络中资源共享和信息传递的系统。计算机网络使网络上的用户可以共享网络中计算机的软硬件资源。

6.1.1　计算机网络的发展

计算机网络诞生于 20 世纪 50 年代中期，60～70 年代是广域网从无到有并得到大发展的年代；80 年代局域网取得了长足的进步，日趋成熟；进入 90 年代，一方面广域网和局域网紧密结合使得企业网络迅速发展；另一方面建造了覆盖全球的信息网络 Internet，为在 21 世纪进入信息社会奠定了基础。计算机网络的发展经历了一个从简单到复杂，又到简单的过程。计算机网络的发展经过了四代：

(1) 面向终端的计算机网络

面向终端的计算机网络是具有通信功能的主机系统，即所谓的联机系统。这是计算机网络发展的第一阶段，被称为第一代计算机网络。1954 年，收发器(Transceiver)终端出现，实现了将穿孔卡片上的数据从电话线上发送到远地的计算机。用户可在远地的电传打字机上输入自己的程序，计算机计算出来的结果从计算机传送到远地的电传打字机上打印出来。计算机网络的概念也就这样产生了。

20 世纪 60 年代初，美国建成了全国性航空飞机订票系统，用一台中央计算机连接 2 000 多个遍布全国各地的终端，用户通过终端进行操作。这些应用系统的建立，构成了计算机网络的雏形。在第一代计算机网络中，计算机是网络的中心和控制者，终端围绕中心计算机分布在各处，而计算机的任务是进行成批处理。面向终端的计算机网络采用了多路复用器(MUX)、线路集中器、前端控制器等通信控制设备连接多个中断，使昂贵的通信线路为若干个分布在同一远程地点的相近用户分时共享使用。

（2）共享资源的计算机网络

多台主计算机通过通信线路连接起来，相互共享资源。这样就形成了以共享资源为目的的第二代计算机网络。第二代计算机网络的典型代表是 ARPA 网络（ARPAnet）。ARPA 网络的建成标志着现代计算机网络的诞生。ARPA 网络的试验成功使计算机网络的概念发生了根本性的变化，很多有关计算机网络的基本概念都与 APRA 网络的研究成果有关，如分组交换、网络协议、资源共享等。

（3）标准化的计算机网络

20 世纪 70 年代以后，局域网得到了迅速发展。美国 Xerox、DEC 和 Intel 三家公司推出了以 CSMA/CD 介质访问技术为基础的以太网（Ethernet）产品。其他大公司也纷纷推出自己的产品。但各家网络产品在技术、结构等方面存在很大差异，没有统一的标准，因而给用户带来了很大的不便。

1974 年，IBM 公司宣布了网络标准按分层方法研制的系统网络体系结构 SNA。网络体系结构的出现，使得一个公司所生产的各种网络产品都能够很容易的互联，而不同公司生产的产品，由于网络体系结构不同，所以很难相互连通。

1984 年，国际标准化组织（ISO）正式颁布了一个使各种计算机互连的标准框架——开放系统互连参考模型（Open System Interconnection Reference Model，OSI/RM）。20 世纪 80 年代中期，ISO 等机构以 OSI 模型为参考，开发制定了一系列协议标准，形成了一个庞大的 OSI 基本协议集。OSI 标准确保了各厂家生产的计算机和网络产品之间的互联，推动了网络技术的应用和发展。这就是所谓的第三代计算机网络。

（4）国际化的计算机网络

20 世纪 90 年代，计算机网络发展成了全球的网络——因特网（Internet），计算机网络技术和网络应用得到了迅猛的发展。

Internet 最初起源于 ARPAnet。由 ARPAnet 研究而产生的一项非常重要的成果就是 TCP/IP（Transmission Control Protocol/Internet Protocol，传输控制协议/因特网互联协议），使得连接到网络上的所有计算机能够相互交流信息。1986 年建立的美国国家科学基金会网络（NSFNET）是 Internet 的一个里程碑。

6.1.2 计算机网络的定义与功能

计算机网络是将分散在不同地点且具有独立功能的多个计算机系统，利用通信设备和线路相互连接起来，在网络协议和软件的支持下进行数据通信，实现资源共享和透明服务的计算机系统的集合。

1. 计算机网络的基本特征

➢ 计算机网络建立的主要目的是实现计算机资源的共享。
➢ 互连的计算机是分布在不同地理位置的多台独立的"自治计算机"（Autonomous Computer）。
➢ 网络中的计算机必须遵循共同的网络协议。

2. 计算机网络的功能和特点

各种网络在数据传送、具体用途及连接方式上都不尽相同，但一般网络都具有以下一些功能和特点：

（1）资源共享

充分利用计算机资源是组建计算机网络的重要目的之一。资源共享除共享硬件资源外，还包括共享数据和软件资源。

（2）数据通信能力

利用计算机网络可实现各计算机之间快速、可靠地互相传送数据，进行信息处理，如传真、电子邮件（E-mail）、电子数据交换（EDI）、电子公告牌（BBS）、远程登录（Telnet）与信息浏览等通信服务。数据通信能力是计算机网络最基本的功能。

（3）均衡负载互相协作

通过网络可以缓解用户资源缺乏的矛盾，使各种资源得到合理的调整。

（4）分布处理

一方面，对于一些大型任务，可以通过网络分散到多个计算机上进行分布式处理，也可以使各地的计算机通过网络资源共同协作，进行联合开发、研究等；另一方面，计算机网络促进了分布式数据处理和分布式数据库的发展。

（5）提高计算机的可靠性

计算机网络系统能实现对差错信息的重发，网络中各计算机还可以通过网络成为彼此的后备机，从而增强了系统的可靠性。

6.1.3　计算机网络的分类

根据计算机网络不同的角度、不同的划分原则，可以得到不同类型的计算机网络。

1. 按照网络的覆盖面划分

局域网（Local Area Network，LAN）

所谓局域网，就是在局部地区范围内的网络，它所覆盖的地区范围较小。局域网在计算机数量配置上没有太多的限制，少的可以只有两台，多的可达几百台。一般来说，在企业局域网中，工作站的数量在几十到两百台次左右。在网络所涉及的地理距离上，一般来说可以是10 km 以内，局域网一般位于一个建筑物或一个单位内。

（2）城域网（Metropolitan Area Network，MAN）

这种网络一般来说是在一个城市，但不在同一地理小区范围内的计算机互连。这种网络的连接距离可以在 10～100 km，它采用的是 IEEE 802.6 标准。MAN 与 LAN 相比扩展的距离更长，连接的计算机数量更多，在地理范围上可以说是 LAN 的延伸。在一个大型城市或都市地区，一个 MAN 通常连接着多个 LAN，如连接政府机构的 LAN、医院的 LAN、电信的LAN、公司企业的 LAN 等。由于光纤连接的引入，使 MAN 中高速的 LAN 互连成为可能。

（3）广域网（Wide Area Network，WAN）

广域网也称为远程网，所覆盖的范围比城域网（MAN）更广，它一般是在不同城市之间的LAN 或者 MAN 网络互联，地理范围可从几百千米到几千千米。因为距离较远，信息衰减比较严重，所以这种网络一般是要租用专线。

（4）互联网（Internet）

互联网又因其英文单词"Internet"的谐音，又称为"因特网"。在互联网应用如此发展的今天，它已是人们每天都要打交道的一种网络，无论从地理范围，还是从网络规模来讲它都是最大的一种网络,就是人们常说的"WWW"和"万维网"等多种叫法。从地理范围来说,它可以是全球计算机的互联,这种网络的最大的特点就是不定性,整个网络的计算机每时每刻随着人们网络的接入在不断地变化。当用户连在互联网上的时候,用户的计算机可以算是互联网的一部分,一旦断开互联网的连接,用户的计算机就不属于互联网了。但它的优点也是非常明显的,就是信息量大,传播广,无论用户身处何地,只要连接互联网就可以对任何可以连接网络的用户发出信函和广告。因为这种网络的复杂性,所以这种网络实现的技术也是非常复杂的,这一点可以通过后面要讲的几种互联网接入设备详细地了解到。

2. 按照网络的管理方式划分

(1) 客户机/服务器网络

服务器是指专门提供服务的高性能计算机或专用设备,客户机是指用户计算机。客户机/服务器网络是由客户机向服务器发出请求并获得服务的一种网络形式。多台客户机可以共享服务器提供的各种资源。这是最常用、最重要的一种网络类型。

客户机/服务器网络不仅适合于同类计算机联网,也适合于不同类型的计算机联网,如PC、Mac 机的混合联网。在这种网络中计算机的权限、优先级易于控制,监控容易实现,网络管理能够规范化。客户机/服务器网络性能取决于服务器的性能和客户机的数量。目前,针对这类网络有很多优化性能的服务器,称为专用服务器。银行、证券公司都采用这种类型的网络。

(2) 对等网

对等网不要求专用服务器,每台客户机都可以与其他客户机对话,共享彼此的信息资源和硬件资源,组网的计算机一般类型相同。这种组网方式灵活方便,但是较难实现集中管理与监控,安全性低,较适合作为部门内部协同工作的小型网络。

3. 按照网络的数据交换方式划分

(1) 线路交换网络

该方式类似传统的电话线路交换方式。网络中计算机进行通信之前,必须申请建立一条实际的物理连接,双方通信的线路接通后开始传送数据。通信过程中独占线路。

(2) 报文交换网络

该方式不要求在两个通信节点之间建立专用通路。节点把要发送的信息组织成一个数据包——报文,报文中含有目的地址。报文在传输的过程中要经过若干个中间设备,在每一个交换设备处,每一个节点接收整个报文,检查目标节点地址,然后根据网络中的交通情况在适当的时候转发到下一个节点。等待前往目的地址的线路空闲时,再将报文转发出去。报文要经过多次的存储—转发,最后到达目标,因而这样的网络称为存储—转发网络。

(3) 分组交换网络

将一个长的报文划分为许多定长的报文分组,在每个分组的前面加上一个分组头。网络中的各节点采用存储转发技术将分组传输到接收方。接收方将各个分组重新组装成完整的数据块。这不仅大大简化了对计算机存储器的管理,而且加速了信息在网络中的传播速度。由于分组交换优于线路交换和报文交换,具有许多优点,所以它已成为计算机网络中传输数据的主要方式。

4. 按照网络的传输技术划分

(1) 广播式网络(Broadcast Network)

广播式网络仅有一条通信信道,被网络上的所有计算机共享。在网络上传输的数据单元

(分组或包)可以被所有的计算机接收。在包中的地址段表明了该包应该被哪一台计算机接收。计算机一旦接收到包,就会立刻检查包中所包含的地址,如果是发送给自己的,则处理该包;否则就会丢弃。

(2)点到点网络(Point – to – point Network)

点到点网络所采用的传输技术是点到点通信信道技术。在点对点网络中,每条物理线路连接一对计算机。如果两台计算机之间没有直接连接的线路,那么它们之间的分组传输就要通过中间节点来接收、存储、转发直至目的节点。由于连接多台计算机之间的线路结构一般比较复杂,所以从源节点到目的节点可能存在多条路由,决定分组从通信子网的源节点到达目的节点的路由需要路由选择算法来计算。

6.1.4 计算机网络协议

计算机网络中实现通信必须有一些约定,对速率、传输代码、代码结构、传输控制步骤、出错控制等制定标准。网络协议是计算机网络中通信各方事先约定的通信规则的集合。例如,通信双方以什么样的控制信号联络,发送方怎样保证数据的完整性和正确性,接收方如何应答等。在同一网络中,可以有多种协议同时运行。

为了使两个节点之间能进行对话,必须在它们之间建立通信工具(即接口),使彼此之间能进行信息交换。接口包括两部分:一是硬件装置,功能是实现节点之间的信息传送;二是软件装置,功能是规定双方进行通信的约定协议。协议通常由三部分组成:一是语义部分,用于决定双方对话的类型;二是语法部分,用于决定双方对话的格式;三是变换规则,用于决定通信双方的应答关系。

由于节点之间的联系可能是很复杂的,所以在制定协议时,一般是把复杂成分分解成一些简单的成分,再将它们复合起来。最常用的复合方式是层次方式,即上一层可以调用下一层,而与再下一层不发生关系。通信协议的分层是这样规定的:把用户应用程序作为最高层,把物理通信线路作为最低层,将其间的协议处理分为若干层,规定每层处理的任务,也规定每层的接口标准。

常见的网络协议有以下三种:

(1)TCP/IP 协议

TCP/IP 协议是 Internet 信息交换、规则、规范的集合,是 Internet 的标准通信协议,主要解决异种计算机网络的通信问题,使网络在互联时把技术细节隐藏起来,为用户提供一种通用的、一致的通信服务。

其中,TCP 是传输控制协议,规定了传输信息怎样分层、分组和在线路上传输;IP 是国际协议,它定义了 Internet 上计算机之间的路由选择,把各种不同网络的物理地址转换为 Internet 地址。

TCP/IP 协议是 Internet 的基础和核心,是 Internet 使用的通用协议。其中,传输控制协议(TCP)对应于 OSI 参考模型的传输层协议,它规定一种可靠的数据信息传递服务。IP 协议又称为互联网协议,对应于 OSI 参考模型的网络层,是支持网间互联的数据包协议。TCP/IP协议与低层的数据链路层和物理层无关,这是 TCP/IP 的重要特点。正因为如此,它能广泛地支持由低层、物理层两层协议构成的物理网络结构。

(2)PPP 协议与 SLIP 协议

PPP 是点对点协议;SLIP 是串行线路 Internet 协议。它们是为了利用低速且传输质量一般的电话线实现远程入网而设计的协议。用户要通过拨号方式访问 WWW、FTP 等资源，必须通过 PPP/SLIP 协议建立与 ISP 的连接。

（3）其他协议

此外，常见的协议还有文件传输协议（FTP）、邮件传输协议（SMTP）、远程登录协议（Telnet）以及 WWW 系统使用的超文本传输协议（HTTP）等，这些都是常用的应用层协议。

6.1.5　计算机网络的体系结构

由于世界各大型计算机厂商推出各自的网络体系结构，所以国际标准化组织（ISO）于 1978 年提出开放系统互连参考模型（Open System Interconnection，OSI）。它将计算机网络体系结构的通信协议规定为物理层、数据链路层、网络层、传输层、会话层、表示层、应用层七层，受到计算机界和通信业的极大关注。经过十多年的发展和推进，OSI 已成为各种计算机网络结构的标准。

1. 物理层

物理层与传输介质密切相关。与 ISO 物理层有关的连接设备有集线器、中继器、连接器、调制解调器等。

物理层主要解决的问题是连接类型、物理拓扑结构、数字信号、位同步方式、带宽使用、多路复用等。

2. 数据链路层

数据链路层的作用是将物理层的位组成称为"帧"的信息逻辑单位，进行错误检测，控制数据流，识别网络中每台计算机。与 OSI 数据链路层有关的网络连接设备有网桥、智能集线器、网卡。

数据链路层主要解决的问题是逻辑拓扑结构、介质访问、寻址、传输同步方式及连接服务。

3. 网络层

网络层处理网间的通信，其基本目的是将数据移到一个特定的网络位置。网络层选择通过网际网的一个特定的路由，而避免将数据发送给无关的网络，并负责确保正确数据经过路由选择发送到由不同网络组成的网际网。

网络层主要解决的问题是寻址方式、交换技术、路由寻找、路由选择、连接服务和网关服务等。

4. 传输层

传输层的基本作用是为上层处理过程掩盖计算机网络下层结构的细节，提供通用的通信规则。

传输层主要解决的问题是地址/名转换、寻址方法、段处理和连接服务等。

5. 会话层

会话层实现服务请求者和提供者之间的通信。会话层主要解决的问题是对话控制和会话管理。

6. 表示层

表示层能把数据转换成一种能被计算机以及运行的应用程序相互理解的约定格式，还可以压缩或扩展，并加密或解密数据。表示层主要解决的问题是翻译和加密。

7. 应用层

应用层包含了针对每一项网络服务的所有问题和功能,如果说其他六层通常提供支持网络服务的任务和技术,则应用层提供了完成指定网络服务功能所需的协议。应用层主要解决的问题是网络服务、服务通告、服务使用。

6.2 计算机网络的组成

完整的计算机网络通常由网络硬件、通信线路、通信设备和网络软件组成,各网络还具有自己的特点。

6.2.1 网络硬件

1. 计算机

计算机在网络中根据承担的任务不同,可分别扮演不同的角色,主要有以下几种:

(1) 主机(Host)

主机是一个主要用于科学计算和数据处理的计算机系统。

(2) 终端(Node)

终端是一个在通信线路和主机之间设置的通信线路控制处理机,其具有分担数据通信、数据处理的控制处理功能。

(3) 服务器(Server)

服务器是为网络提供资源、控制管理或专门服务的计算机系统。在客户/服务器系统中,服务器负责提供资源和服务。

(4) 客户机(Client)

客户机又称为工作站,指连入网络的计算机,它接受网络服务器的控制和管理,能够共享网络上的各种资源。

2. 网络设备

(1) 网 卡

网卡是应用最广泛的一种网络设备,网卡的全名为网络接口卡(Network Interface Card,NIC),它是连接计算机与网络的硬件设备,是局域网最基本的组成部分之一。

网卡主要具有处理网络传输介质上的信号,并在网络介质和 PC 之间交换数据的功能。

(2) 调制解调器

调制解调器是一种信号转换装置,用于将计算机通过电话线路连接网络,并实现数字信号和模拟信号之间的转换。调制用于将计算机的数字数据转换成模拟信号输送出去,解调则将接收到的模拟信号还原成数字数据交计算机存储或处理。

6.2.2 通信线路与通信设备

1. 通信线路

通信线路是网络中发送方与接收方之间的物理通路,它对网络的数据通信具有一定的影响。常用的通信线路有以下几种:

（1）双绞线

双绞线（TP）由两条绝缘导线相互缠绕而成，将一对或多对双绞线放置在一个保护套内便成了双绞线电缆。双绞线既可用于传输模拟信号，又可用于传输数字信号。

（2）同轴电缆

有线电视用的就是同轴电缆。同轴电缆由绕在同一轴线上的两个导体组成，具有抗干扰能力强、连接简单、信息传输速度快等特点。

（3）光　纤

光纤又称为光缆或光导纤维，由光导纤维纤芯、玻璃网层和能吸收光线的外壳组成。它具有不受外界电磁场的影响、无限制带宽等特点，可以实现每秒几十兆位的数据传送。光纤尺寸小、质量轻，数据可以传送几百千米，但价格昂贵。

（4）无线传输介质

无线传输介质包括无线电波、微波和红外线等。

2. 通信设备

无论是局域网还是广域网，同类型的网络还是不同类型的网络，网络的通信设备是必不可少的。常用的通信设备有以下几种：

（1）中继器

中继器是互联网中的连接设备，它的作用是将收到的信号放大后输出，既实现了计算机之间的连接，又扩充了介质的有效长度。它工作在 OSI 参考模型的最底层（物理层），因此只能用来连接具有相同物理层协议的 LAN。

（2）集线器（Hub）

集线器的主要功能是对接收到的信号进行再生整形放大，以扩大网络的传输距离，同时，把所有节点集中在以它为中心的节点上。它工作于 OSI 参考模型的数据链路层。

（3）网　桥

网桥用来将两个相同类型的局域网连接在一起，有选择地将信号从一段介质传向另一段介质，在两个局域网段之间对链路层帧进行接收、存储与转发，通过网桥将两个物理网络（段）连接成一个逻辑网络，使这个逻辑网络的行为像一个单独的物理网络一样。

（4）网　关

网关提供了不同体系间互连接口，用于实现不同体系结构网络之间的互联。它工作在 OSI 参考模型的传输层及其以上的层次，是网络层以上的互联设备的总称，支持不同的协议之间的转换，实现不同协议网络之间的通信和信息共享。

（5）路由器

路由器具有智能化管理网络的能力，是互联网重要的连接设备，用来连接多个逻辑上分开的网络，用它连接的两个网络或子网，可以是相同类型，也可以是不同类型，能在复杂的网络中自动进行路径选择和对信息进行存储与转发，具有比网桥更强大的处理能力。

6.2.3　网络软件

网络软件包括网络操作系统和网络应用软件两大部分。

（1）网络操作系统

网络操作系统是网络系统软件的主体，其作用是处理网络请求、分配网络资源、提供用户服务以及监视和管理网络活动等,以保证网络上的计算机能方便而有效地共享资源。常见的网络操作系统有 UNIX、NetWare、Linux、Windows NT、Windows 2000 Server、Windows Server 2003、Windows XP、Windows 7、Windows Server 2008 R2 和 Windows 8 等。

（2）网络应用软件

网络应用软件是指能够为网络用户提供各种服务的软件,它用于提供或获取网络上的共享资源,如浏览器软件、传输软件、远程登录软件等。

6.3 Internet 基础

6.3.1 Internet 概述

1. Internet 发展历史

Internet(因特网)是全球最大的计算机网络,起源于美国国防部高级研究计划署于 1968 年主持研制的用于支持军事研究的计算机实验网 ARPANET。

20 世纪 90 年代以前,Internet 的使用一直局限于研究与学术领域。商业性机构进入 Internet 一直受到这样或那样的法规或传统问题的困扰。事实上,美国国家科学基金会等曾经出资建造 Internet,但政府机构对 Internet 上的商业活动并不感兴趣。

1991 年,美国的三家分别经营着自己的 CERFnet、PSInet 及 Alternet 网络的公司,组成了"商用 Internet 协会"(CIEA),并宣布用户可以把他们的 Internet 子网用于任何的商业用途。

Internet 目前已成为世界上资源最丰富的计算机公共网络。

2. 中国 Internet 发展及现状

1987—1993 年是 Internet 在中国的起步阶段,国内的科技工作者开始接触 Internet 资源。在此期间,以中科院高能物理所为首的一批科研院所与国外机构合作开展了一些与 Internet 联网的科研课题,通过拨号方式使用 Internet 的电子邮件系统,并为国内一些重点院校和科研机构提供国际 Internet 电子邮件服务。

1990 年 10 月,中国正式向国际互联网信息中心(InterNIC)登记注册了顶级域名"CN",从而开通了使用自己域名的 Internet 电子邮件。继 CHINANET 之后,国内一些大学和研究所也相继开通了 Internet 电子邮件连接。

从 1994 年开始至今,中国实现了和互联网的 TCP/IP 连接,从而逐步开通了互联网的全功能服务,大型计算机网络项目正式启动,互联网在我国进入飞速发展时期。

目前经国家批准,国内可直接连接互联网的网络有四个,即中国公用计算机互联网(CHINANET)、中国国家公用经济信息通信网—金桥网(CHINAGBN)、中国教育和科研计算机网(CERNET)、中国科学技术网(CSTNET)。

目前,中国 Internet 用户主要由科研领域、商业领域、国防领域、教育领域、政府机构、个人用户等组成。互联网已成为一种继电视、电台、报刊之后的第四媒体,且其影响力正在日益扩大之中。

从 Internet 的整体发展情况来看,许多经济发达国家的 Internet 也是在 1993 年后才迅速发展起来的,我国的 Internet 发展是十分迅速的。由于个人计算机大量进入家庭,计算机的功能发生了革命性的变化,用户对计算机和网络的功用有了完全不同于以往的要求,更多地提出对多媒体信息的需求,传统的文化受到这种全球性网络文化的冲击,将来的 Internet 将更加辉煌灿烂,它对未来社会的影响将成为生活中不可缺少的一部分。

6.3.2　Internet 技术基础

1. TCP/IP 协议

接入 Internet 的通信实体共同遵守的通信协议是 TCP/IP 协议集。TCP/IP 是一种网络通信协议,它规范了网络上的所有通信设备,尤其是一个主机与另一个主机之间的数据往来格式以及传送方式。TCP/IP 是 Internet 的基础协议,也是一种计算机数据打包和寻址的标准方法。TCP/IP 协议集的核心是网间协议(Internet Protocol,IP)和传输控制协议(Transmission Control Protocol,TCP)。它们在数据传输过程中主要完成以下功能:

➢ 首先由 TCP 把数据分成若干数据包,给每个数据包写上序号,以便接收端把数据还原成原来的格式。

➢ IP 协议给每个数据包写上发送主机和接收主机的地址。一旦写上源地址和目的地址,数据包就可以在物理网上传送数据。IP 协议还具有利用路由算法进行路由选择的功能。

➢ 这些数据包可以通过不同的传输途径(路由)进行传输,由于路径不同,加上其他的原因可能出现顺序颠倒、数据丢失、数据失真甚至重复的现象。这些问题都由 TCP 来处理,它具有检查和处理错误的功能,必要时还可以请求发送端重发。

简单地说,IP 协议负责数据的传输,而 TCP 负责数据的可靠传输。

2. IP 地址

通常,将连入 Internet 的计算机称为 Internet 网络服务器,或 Internet 宿主机(Host Computer),它们都有自己唯一的网络地址,并使用 TCP/IP 互联与传输文件。最终用户的计算机连接到这台网络服务器上,称为客户机。因此,最终用户是通过这台网络服务器的地址与 Internet 沟通的。

在 Internet 上,每个网络和每一台计算机都被分配到一个 IP 地址,这个 IP 地址在整个 Internet 中是唯一的。IP 地址是供全球识别的通信地址。在 Internet 上通信必须采用这种 32 位的通用地址格式,才能保证 Internet 成为向全球开放的互联数据通信系统。这是全球认可的计算机网络标识方法。

(1) IP 地址的构成

IP 地址由一些具有特定意义的 32 位二进制数组成。由于二进制数不便记忆,所以采用进制转换,将每 8 位二进制数转换为 3 位十进制数,并用“.”分隔成四组。例如:

二进制数　11001010　01110001　00011011　00001010
十进制数　　202　　.　　113　.　　27　.　　10

根据进制的转换约定,每组十进制数不超过 255(8 位二进制数最大表示范围)。

由前述内容可知,通过 Internet 入网的每台主机(服务器)必须有唯一的 IP 地址,才能保证互通信息、共享资源。IP 地址由两部分组成,即网络标识和主机标识(主机名)。网络标识中的某些信息还代表网络的种类。

（2）IP 地址分类

按照 IP 协议中对作为 Internet 网络地址的约定，将 32 位二进制数地址分为三类，即 A 类地址、B 类地址和 C 类地址。每类地址网络中 IP 地址结构即网络标识和主机标识的长度都不同。

A 类 IP 地址一般用于主机数多达 160 余万台的大型网络，高 8 位代表网络号，后 3 个 8 位代表主机号。32 位的高 3 位为 000；十进制的第 1 组数值范围为 000～127。IP 地址范围为：001. x. y. z～126. x. y. z。

B 类 IP 地址一般用于中等规模的各地区网管中心，前两个 8 位代表网络号，后两个 8 位代表主机号。32 位高 3 位为 100；十进制的第 1 组数值范围为 128～191。IP 地址范围为：128. x. y. z～191. x. y. z。

C 类地址一般用于规模较小的本地网络，如校园网等。前 3 个 8 位代表网络号，低 8 位代表主机号。32 位的高 3 位为 110，十进制第 1 组数值范围为 192～223。IP 地址范围为：192. x. y. z～223. x. y. z。一个 C 类地址可连接 256 台主机。

一个 C 类 IP 地址可用屏蔽码技术改为 128 个子网段，每个子网段可连接相应的主机数。C 类地址标志的网络之间只有通过路由器才能工作。

（3）IP 地址的分配

IP 地址由国际组织按级别统一分配，机构用户在申请入网时可以获取相应的 IP 地址。

最高一级 IP 地址由国际网络信息中心（Network Information Center，NIC）负责分配。其职责是分配 A 类 IP 地址、授权分配 B 类 IP 地址的组织，并有权刷新 IP 地址。

分配 B 类 IP 地址的国际组织有三个：InterNIC、APNIC 和 ENIC。ENIC 负责欧洲地区的分配工作，InterNIC 负责北美地区，APNIC 负责亚太地区。我国的 Internet 地址（B 类地址）由 APNIC 分配，由邮电部数据通信局或相应网管机构向 APNIC 申请地址。

C 类地址由地区网络中心向国家级网管中心（如 CHINANET 的 NIC）申请分配。

3. 域名系统

由于数字地址标识不便记忆，所以产生了一种字符型标识，这就是域名（Domain Name）。国际化域名与 IP 地址相比，更直观一些。域名地址在 Internet 实际运行时由专用的服务器（Domain Name Server，DNS）转换为 IP 地址。

域名从左到右构造，表示的范围从小到大（从低到高），高一级域包含低一级域，域名的级通常不多于 5。一个域名由若干元素或标号组成，并由"."分隔，称为域名字段。为增强可读性和记忆性，建议被分隔的各域名字段长度不要超过 12 个字符。各域名字段的大小写通用。例如，WWW. CCTV. COM 就是合理有效的域名。一个域名字段（也称为地址）最右边为顶级域；最左边为该台网络服务器的机器名称。一般域名格式为：

网络服务器主机名. 单位机构名. 网络名. 顶级域名

其中，顶级域名分为三类：通用顶级域名、国家顶级域名和国际顶级域名。

➤ 通用顶级域名描述的机构如表 6-1 所列。

➤ 国家或地区代码如表 6-2 所列。

➤ 国际顶级域名，即. int，国际联盟、国际组织可在其下注册。

美国国防部的国防数据网络中心（DDNNIC）负责 Internet 最高层（顶级）域名的注册和管理，并同时负责 IP 地址的分配工作。

表 6-1　通用顶级域名描述的机构	
(1) 通用顶级域名	(2) 机　构
(3) gov	(4) 政府部门
(5) edu	(6) 大学或其他教育组织
(7) ac	(8) 科研机构
(9) com	(10) 工商业组织
(11) mil	(12) 非保密性军事机构
(13) org	(14) 其他民间组织或非营利机构
(15) net	(16) 网络运行和服务机构

表 6-2　国家或地区代码	
(17) 国家或地区	(18) 代　码
(19) 中　国	(20) CN
(21) 加拿大	(22) Ca
(23) 英　国	(24) uk
(25) 澳大利亚	(26) au
(27) 日　本	(28) Jp
(29) 德　国	(30) De
(31) 法　国	(32) fr

由于 Internet 源于美国,因此通常美国公司或机构没有国家代码,只以企业性质代码为后缀。例如,美国波音公司(Boeing)的域名为 Boeing.com。

1994 年以前,我国还没有独立的域名管理系统,只是借用了德国的电子邮件域名系统和加拿大的域名系统,并在 DNN、NIC 上注册了我国的最高域名 CN。1994 年 5 月 4 日,中科院把 CN 域名下的服务器从德国移回国内,并由中科院网络中心登记 CN 网络域名。同时,成立了中国互联网信息中心(CNNIC),统一协调、管理、规划全国最高域名 CN 下的二级注册、IP 地址分配等工作。我国的域名可表示如下:

网络服务器主机名.单位机构名.网络名(通用顶级域名).国家顶级域名(CN)

4. Internet 的接入

连接 Internet 的方式有很多种,常用的有专线连接、局域网连接和拨号入网连接等。

(1) ISP

ISP(Internet Service Provider)就是为用户提供 Internet 接入和(或)Internet 信息服务的公司和机构。由于接入国际互联网需要租用国际信道,所以成本对于一般用户是无法承担的。Internet 接入提供机构作为提供接入服务的中介,投入大量的资金建立中转站,租用国际信道和大量的当地电话线,购置一系列计算机设备,通过集中使用、分散压力的方式,向本地用户提供接入服务。从某种意义上讲,ISP 是全世界数以亿计的用户通往 Internet 的必经之路。现今,我国有数十个 ISP 服务机构,使用比较广泛和具有影响的主要有以下几个:中国电信(CHINA TELECOM)、中国网通(CNC)、中国铁通、中国联通(China Unicom)。

各 ISP 一般给个人提供的是拨号入网,因此首先应注意 ISP 提供的拨号入网方式、中继线条数和提供给用户的通信线路速率。

(2) Internet 的接入方式

个人用户连接 Internet,大致要做的工作有:硬件设备的安装与配置;软件的安装与配置;到 ISP 处申请账号;最后使用如浏览器等工具接入 Internet。

传统的上网设备是调制解调器(Modem),但它最高为 56 kbps 的速度已经不能满足人们对网络的要求。现在比较普遍的上网设备是 ISDN 和 ADSL。

ISDN 是 Integrated Services Digital Network 的英文缩写,其中文名称是"综合业务数字网"。ISDN 是以电话综合数字网(IDN)为基础发展而成的通信网。ISDN 与 Modem 的最大区别在于将原本以模拟方式传送的信号经抽样及信道划分变为数字信号进行传送。使原本

56 kbps 的模拟信号带宽的物理限制得以突破,ISDN 电话线上传输率可达到 128 kbps,是用 56 kbps Modem 上网速度的近 3 倍。它可以充分利用物理限制上限大大提高至约 2 Mbps 数字信号带宽。

ADSL(Asymmetric Digital Subscriber Line)的中文名称是"非对称数字用户线"。经 ADSL Modem 编码后的信号通过电话线传到电话局后再通过一个信号识别/分离器,如果是语音信号就传到电话交换机上,如果是数字信号就接入 Internet。

ADSL 的特点:ADSL 上网不需缴纳电话费,ADSL 可以进行网上视频服务。

(3)局域网接入及代理服务器

将一个局域网连接到 Internet 主机有两种方法。

一种是通过路由器把局域网与 Internet 主机连接起来。局域网上的所有主机都可以是 X.25 网、DDN 专线或帧中继等。这种方式有自己的 IP 地址。路由器与 Internet 主机的通信虽然要求用户对软硬件的初始投资较高,每月的通信线路费用也较高,但也是唯一可以满足大信息量 Internet 通信的方式。这种方式最适用于教育科研机构、政府机构及企事业单位中已装有局域网的用户,或是希望多台主机都加入 Internet 的用户。

另一种是通过局域网的服务器,用一个高速调制解调器和电话线路把局域网与 Internet 主机连接起来,局域网上的所有终端共享服务器的一个 IP 地址。这时,需要在服务器上运行一种称为代理服务器的软件,局域网上的所有终端上网都需要设置代理服务器地址和端口号。

6.3.3　常用 Internet 服务

1. 万维网(WWW)

WWW 是 Internet 的多媒体信息查询工具,是 Internet 上近几年才发展起来的服务,也是发展最快和目前使用最广泛的服务。正是因为有了 WWW 工具,才使得近几年来 Internet 迅速发展,且用户数量飞速增长。

WWW 中信息资源主要由一篇篇的 Web 文档,或称 Web 页为基本元素构成。这些 Web 页采用超级文本(Hyper Text)的格式,即可以含有指向其他 Web 页或其本身内部特定的位置的超级链接,或简称链接。可以将链接理解为指向其他 Web 页的"指针"。链接后的 Web 页交织为网状。这样,如果 Internet 上的 Web 页和链接非常多,则构成了一个巨大的信息网。

用户从 WWW 服务器取到一个文件后,用户需要在自己的屏幕上将它确定无误地显示出来。由于将文件存入 WWW 服务器的用户并不知道将来阅读这个文件的用户到底会使用哪一种类型的计算机或终端,要保证每个用户在屏幕上都能够读到正确的显示文件,于是就产生了 HTML。

HTML(Hype Text Markup Language)的中文名称是超文本标记语言。HTML 对 Web 页的内容、格式及 Web 页中的超链接进行描述,而 Web 浏览器的作用就在于读取 Web 网点上的 HTML 文档,再根据此类文档中的描述组织显示相应的文件。

HTML 文档本身是文本格式的,用任何一种文本编辑器都可以对它进行编辑。HTML 语言有一套相当复杂的语法,专门提供专业人员用来创建 Web 文档,一般用户并不需要掌握它。在 UNIX 系统中,HTML 文档的扩展名为.html,而在 DOS/Windows 系统中为.htm。

WWW 类似一本包罗万象的巨著,而 Web 浏览器就像是畅行于这本巨著的交通工具。通过使用浏览器,用户能够在 Web 上从一页跳到另一页、下载(Download)文件、查看各种媒体信息或者创建感兴趣的 Web 页的书签(Bookmark)。Internet Explorer 是最流行的 Web 浏览器之一,其他流行的浏览器还有 360 浏览器、QQ 浏览器等。

2. 电子邮件

电子邮件(Electronic mail,E-mail)是指 Internet 上或常规计算机网络上的各个用户之间,通过电子信件的形式进行通信的一种现代邮政通信方式。

电子邮政最初是根据两个人之间进行通信的一种机制来设计的,但目前的电子邮件已扩展到可以与一组用户或与一个计算机程序进行通信。由于计算机能够自动响应电子邮件,所以任何一台连接 Internet 的计算机都能够通过电子邮件访问 Internet 服务。一般的电子邮件软件在设计时就考虑到如何访问 Internet 服务,使得电子邮件成为 Internet 上使用最为广泛的服务之一。

电子邮件与传统的通信方式相比有着巨大的优势,它所体现的信息传输方式与传统的信件有较大的区别:

(1) 发送速度快

电子邮件通常在数秒钟内即可送达全球任意位置的收件人的信箱中,其速度比电话通信更为高效快捷。如果接收者在收到电子邮件后的短时间内做出回复,往往发送者仍在计算机旁工作的时候就可以收到回复的电子邮件,收发双方交换一系列简短的电子邮件就像一次次简短的会话。

(2) 信息多样化

电子邮件发送的信件内容除普通文字内容外,还可以是软件、数据,甚至是录音、动画、电视或各类多媒体信息。

(3) 收发方便

与电话通信或邮政信件发送不同,电子邮件采取的是异步工作方式,它在高速传输的同时允许收信人自由决定在什么时候、什么地点接收和回复,发送电子邮件时不会因"占线"或接收方不在而耽误时间,收件人无须固定守候在线路的另一端,可以在方便的任意时间、任意地点,甚至是在旅途中收取电子邮件,从而跨越了时间和空间的限制。

(4) 成本低廉

电子邮件最大的优点在于其低廉的通信价格,用户花费极少的市内电话费用即可将重要的信息发送到远在地球另一端的用户。

(5) 更为广泛的交流对象

同一个信件可以通过网络极快地发送给网上指定的一个或多个成员,甚至可以召开网上会议进行互相讨论,这些成员可以分布在世界各地,但发送速度则与地域无关。与任何一种其他的 Internet 服务相比,使用电子邮件可以与更多的人进行通信。

(6) 安全可靠

电子邮件软件是高效可靠的,如果目的地的计算机正好关机或暂时从 Internet 断开,电子邮件软件会每隔一段时间自动重发;如果电子邮件在一段时间之内无法递交,电子邮件软件会自动通知发信人。作为一种高质量的服务,电子邮件是安全可靠的高速信件递送机制,Internet 用户一般只通过电子邮件方式发送信件。

3. 文件传输协议

文件传送协议(File Transfer Protocol,FTP)是 Internet 文件传送的基础。通过该协议,

用户可以从一个 Internet 主机向另一个 Internet 主机复制文件。

FTP 曾经是 Internet 中的一种重要的交流形式。目前,人们常常用它来从远程主机中复制所需的各类软件。

与大多数 Internet 服务一样,FTP 也是一个客户机/服务器系统。用户通过一个支持 FTP 协议的客户机程序,连接到在远程主机上的 FTP 服务器程序。用户通过客户机程序向服务器程序发出命令,服务器程序执行用户所发出的命令,并将执行的结果返回到客户机。例如,用户发出一条命令,要求服务器向用户传送某一个文件的一份副本,服务器会响应这条命令,将指定文件送至用户的机器上。客户机程序代表用户接收到这个文件,将其存放在用户目录中。

在 FTP 的使用中,用户经常遇到两个概念:下载(Download)和上传(Upload)。下载文件就是从远程主机复制文件至自己的计算机上;上传文件就是将文件从自己的计算机中复制至远程主机上。用 Internet 语言来说,用户可通过客户机程序向(从)远程主机上载(下传)文件。

4. 其他的 Internet 服务

除了万维网和电子邮件、FTP 等 Internet 常用服务以外,Internet 还有一些其他的应用。例如,远程登录(Telnet)、电子公告牌系统(BBS)、匿名 FTP 文件查询工具(Archie)、信息查询工具(Gopher)、广域信息服务(WAIS)和网络新闻组(Usenet)等。

6.4 Windows 7 网络应用

6.4.1 Windows 7 上网设置

1. Windows 7 网络应用基础

下面介绍相关的一些网络术语,便于学习过程中理解相关的操作过程。

PPPoE——全称 Point to Point Protocol over Ethernet,意思是基于以太网的点对点协议。与传统的接入方式相比,PPPoE 具有较高的性能价格比,它在包括小区组网建设等一系列应用中被广泛采用,目前流行的宽带接入方式 ADSL 就使用了 PPPoE 协议。

SSID——全称 Service Set Identifier,意思是服务集标识符,也可以写为 ESSID,用来区分不同的网络,最多可以有 32 个字符,无线网卡设置了不同的 SSID 就可以进入不同网络。SSID 通常由 AP 或无线路由器广播出来,通过 Window 7 系统自带的扫描功能可以查看当前区域内的 SSID。出于安全考虑可以不广播 SSID,此时用户就要手工设置 SSID 才能进入相应的网络。简单地说,SSID 就是一个无线局域网的名称,只有设置为名称相同 SSID 的值的计算机才能互相通信。SSID 号实际上有点类似于有线的广播或组播,它也是从一点发向多点或整个网络的。一般无线网卡在接收到某个路由器发来的 SSID 号后先要比较下是不是自己配置要连接的 SSID 号,如果是则进行连接,如果不是则丢弃该 SSID 广播数据包。

信道——它是对无线通信中发送端和接收端之间的通路的一种形象比喻。对于无线电波而言,它从发送端传送到接收端,其间并没有一个有形的连接,它的传播路径也有可能不只一条,但是为了形象地描述发送端与接收端之间的工作,人们想象两者之间有一个看不见的道路衔接,把这条衔接通路称为信道。信道具有一定的频率带宽,正如公路有一定的宽度一样。

无线网络常见标准有以下几种：

IEEE 802.11a：使用 5 GHz 频段，传输速率为 54 Mbps，与 802.11b 不兼容。

IEEE 802.11b：使用 2.4 GHz 频段，传输速率为 11 Mbps。

EEE 802.11g：使用 2.4 GHz 频段，传输速率主要有 54 Mbps、108 Mbps，可向下兼容 802.11b。

IEEE 802.11n 草案：使用 2.4 GHz 频段，传输速率可达 300 Mbps，目前标准尚为草案，但产品已层出不穷；目前 IEEE 802.11b 最常用，但 IEEE 802.11g 更具下一代标准的实力，802.11n 也在快速发展中。

Windows 7 可以使用前面介绍的所有接入方式上网，现在比较常用的是 ADSL 宽带上网——使用计算机拨号、ADSL 宽带上网——使用（无线）路由器、局域网上网，下面分别介绍。

2. 使用计算机拨号宽带上网

ADSL 上网使用 PPPoE 协议，它的硬件和软件是分离的，申请 ADSL 后，ISP 会给用户一个 ADSL 专用的调制解调器，用户可以使用 ISP 提供的 ADSL 专用上网软件，也可以使用 Windows 7 自带的宽带拨号模块。这里介绍使用 Windows 7 自带的宽带拨号模块建立宽带拨号的安装与使用方法。

其中，ISP 即 Internet 服务提供商（Internet Service Provider）。它提供互联网的拨入账号，是网络最终用户进入 Internet 的入口和桥梁，如电信、铁通、联通等服务提供商分配给用户的宽带账号信息。

这种上网方式需要将电话线和 ADSL 专用的调制解调器，然后用一条双绞线（网线）从 ADSL 调制解调器连接到计算机的网卡，如图 6-1 所示。接下来就可以在 Windows 7 系统中添加设置宽带拨号模块。

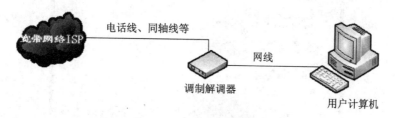

图 6-1　ADSL 宽带连接示意图

（1）建立一个新的宽带连接

单击"开始"按钮，选择"控制面板"，打开"网络和共享中心"窗口，如图 6-2 所示。

单击"设置新的连接或网络"，在弹出的"设置连接或网络"窗口中单击"连接到 Internet"选项，如图 6-3 所示。

在弹出的"连接到 Internet"窗口中选择"宽带（PPPoE）（R）"选项，如图 6-4 所示。进入到宽带 PPPoE 设置界面，如图 6-5 所示。

在图 6-5 中输入 ISP 的用户名、密码，并将复选框"记住此密码""允许其他人使用此连接（A）"选中，以后使用过程中不用再次输入密码，操作更方便。"连接名称"可以根据用户自己的喜好进行修改。单击"连接"按钮开始宽带的拨号上网。

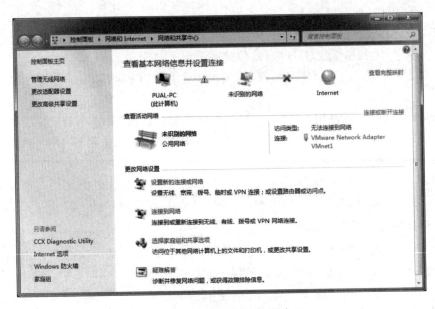

图 6-2 "网络和共享中心"窗口

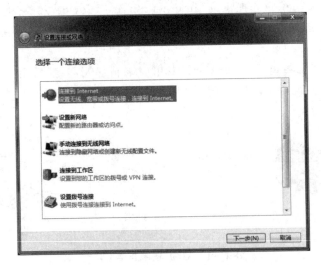

图 6-3 "设置连接或网络"窗口

(2) 查看、修改与使用已经建立的宽带连接

当已经建立好连接,需要进行查看其相关的用户信息,或者需要修改用户信息等操作时,可单击"网络和共享中心"窗口中的"更改适配器设置"。

在弹出的"网络连接"窗口中,根据计算机的硬件配置情况的不同,显示的项目也有所不同。如图 6-6 所示,在"宽带连接"上单击鼠标右键,在弹出的快捷菜单中选择"连接(O)",这时弹出"连接宽带连接"对话框,如图 6-7 所示。对话框中有前面创建宽带连接相关的用户名、密码及其他相关设置,其中密码是隐藏不可见的,如果以前用户名、密码输入有误,可以在此重新输入更改。

当用户名、密码信息设置正确后,单击"连接"按钮,计算机开始"正在连接到宽带连接",如图 6-8 所示,并提示宽带连接成功。

如果用户名、密码、电话线、网络连线、调制解调器存在问题,则会弹出如图 6-9 所示类似的对话框。

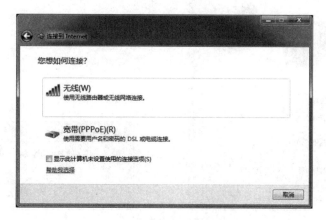

图 6-4 "连接到 Internet"窗口一

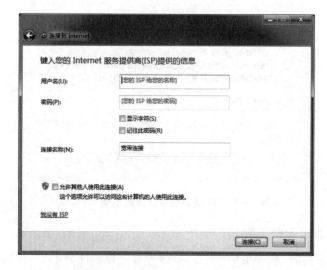

图 6-5 "连接到 Internet"窗口二

图 6-6 "网络连接"窗口

图 6-7 "连接 宽带连接"对话框

图 6-8 "正在连接到宽带连接"对话框

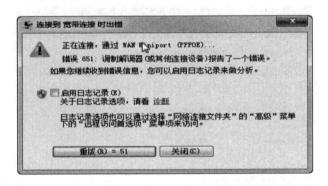

图 6-9 "连接到宽带连接时出错"对话框

3. 使用路由器拨号宽带上网

当申请了宽带上网后,例如电信、铁通、联通等服务提供商分配给用户的宽带账号信息,还会给用户一个 ADSL 专用的调制解调器,用户可以使用 ISP 提供的 ADSL 专用上网软件,也可以使用 Windows 7 自带的宽带拨号模块,同样可以使用宽带路由器来上网。如图 6-10 所示,图中的无线宽带路由器通常有一个 WAN 口,用来接外网,如 ADSL 调制解调器、其他可以上网的局域网等;路由器上还有四个 LAN 口,用来接内部的有线网络设备,如台式计算机、网络打印机、网络播放器等;另外无线路由器通常还会带有一个或多个外置天线,是用来连接无线网络设备的,如笔记本电脑、平板电脑、智能手机等。

通过(无线)路由器上网的方式目前比较普遍。这种方式的优势如下:

➢ 宽带账号信息保存在路由器上,计算机重装系统后无须再次设置上网配置。

➢ 宽带路由器通常有多个有线网络接口,可以共享宽带,允许多台计算机同时使用一条宽带上网。

➢ 如果使用的是无线路由器,则带无线网卡的台式机、笔记本电脑、平板电脑、手机等无须连线,即可通过无线路由器上网,无须另外的连接网络线。

➢ 宽带路由器的种类多,型号规格各异,但其基本的设置过程基本一致。这里介绍常用

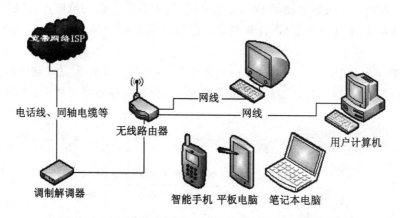

图 6-10　ADSL 宽带连接——使用（无线）路由器示意图

的无线宽带路由器的基本设置，以 TP-LINK 宽带无线路由器的 WR840N 的设置为例进行说明，如图 6-11 所示。

图 6-11　TP-LINK WR840N 宽带无线路由器

① 将路由器连接好电源，用一条网线将 ADSL 调制解调器与路由器的 WAN 口连接，用另一条网线将计算机与路由器的一个 WAN 连接；根据路由器的说明书或者路由器底部的说明可以看到下面的信息：路由器 IP（192.168.1.1）、用户名（admin）、密码（admin）。对于新的路由器这些信息都是默认的，未做修改，因此可以通过以上信息登录到路由器的管理界面。

② 通常需要将连接到路由器的计算机的本地连接 IP 设置改为"自动获得 IP 地址"；选择图 6-6 中的"本地连接"或"无线网络连接"单击鼠标右键，选择"属性"选项，在弹出的"本地连接属性"对话框中，选择"Internet 协议版本 4（TCP/IPv4）"，接着单

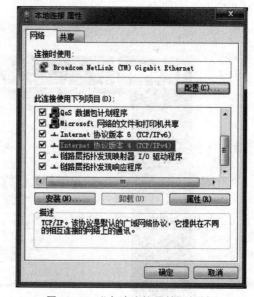

图 6-12　"本地连接属性"对话框

击"属性"按钮，如图 6-12 所示。弹出"Internet 协议版本 4（TCP/IPv4）属性"对话框，选择"自动获得 IP 地址"和"自动获得 DNS 服务器地址"，单击"确定"按钮。

宽带路由器通常默认是启动了 DHCP 服务的,即路由器会自动给所连接的计算机分配上网 IP 地址、网关等;上述设置好后,计算机即会显示网络已经连接,表示计算机已经连接上了路由器。

③ 打开桌面上的 IE(Internet Explorer)浏览器,在地址栏中输入宽带路由器上注明的"路由器 IP"地址,即 192.168.1.1,然后按 Enter 键确认,弹出路由器登录界面,如图 6 - 13 所示。

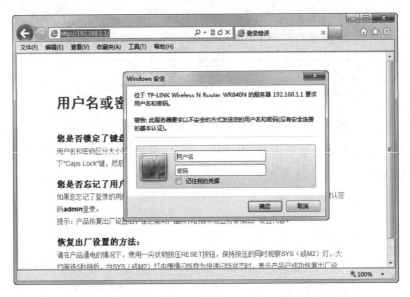

图 6 - 13 宽带路由器登录界面

在图 6 - 13 中输入用户名:admin,密码:admin,单击"确认"按钮。进入宽带路由器配置界面,如图 6 - 14 所示。

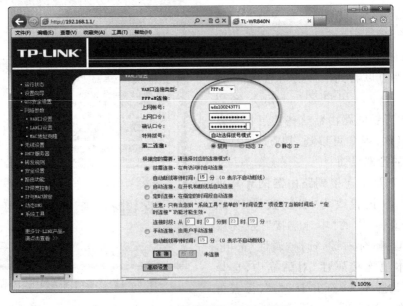

图 6 - 14 宽带路由器 WAN 口设置

宽带路由器的配置界面基本上包括网络参数、无线设置、DHCP 服务器、转发规则、安全设置、路由功能、系统工具等；如果是无线宽带路由器，还包括无线设置菜单，可以设置无线网络的相关信息。

单击图 6-14 左侧菜单项"网络参数"，选择"WAN 口设置"，在右边出现的页面上选择"WAN 口连接类型"：由于人们现在使用的是宽带 ADSL 拨号上网，所以选择"PPPoE"连接类型。

在当前页面的"上网账号""上网口令"文本框内填写正确的账号信息，并根据需要，选择对应的连接模式。如果是计时网上，则选择"按需连接，在有访问时自动连接"；如果是包月上网或者包年上网，则选择"自动连接，在开机和短线后自动连接"。其他的连接方式根据需要进行选择，当上述信息设置好后，单击"保存"按钮，将当前的信息保存在宽带路由器上。

左侧菜单中的"DHCP 服务器"的配置，说明当前路由器具有 DHCP 功能，启用和禁用 DHCP 服务器就是开关，是为了方便计算机等上网设备连接当前路由器而设置的。DHCP 指的是由服务器控制一段 IP 地址范围，客户机登录服务器时就可以自动获得服务器分配的 IP 地址和子网掩码，而无须对路由器连接。

单击左侧"DHCP 服务器"菜单，右侧显示的页面 DHCP 服务的配置界面，对于宽带路由器，DHCP 服务器默认是启用状态的，相关信息包括地址池开始地址、地址池结束地址、地址租用期、网卡、主 DNS 服务器、备用 DNS 服务器等；通常只需使用当前的默认设置，无须修改；如图 6-15 所示，对于可选项信息不用修改，保持初始设置即可。

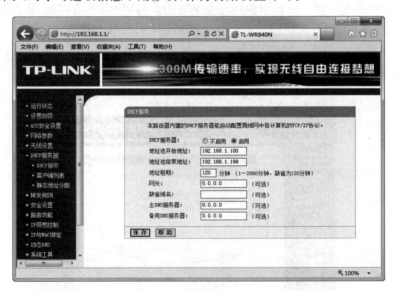

图 6-15　宽带路由器 DHCP 设置

如果当前使用的是无线路由器，则还需对路由器的无线信息进行设置。单击左侧"无线设置"菜单，右侧显示的页面无线网络基本设置界面，如图 6-16 所示。

无线网络基本设置包括 SSID 号、信道、模式、频段带宽、开启无线功能、开启 SSID 广播、开启 WDS 等。

通常对于路由器的无线网络的基本参数，只需要修改"SSID 号"，其目的在于以后在通过无线上网设备连接自己的无线网络的时候，便于识别出自己的无线网络，这里将当前无线路由

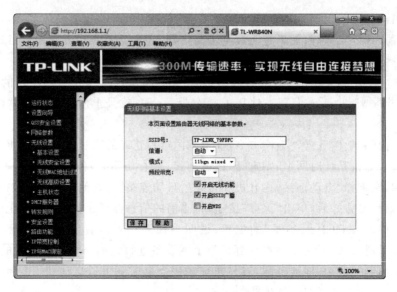

图 6-16　宽带路由器无线网络基本设置

器的 SSID 改为 MyWiFi,单击"保存"按钮。

　　接下来单击"无线安全设置",右侧显示的页面无线网络安全设置界面,开始设置无线网络的安全项,即对当前路由器提供的无线网络访问服务提供安全保障。如图 6-17 所示,宽带路由器里面的无 WEP 是一种广泛使用的网络安全方法。启用 WEP 的同时,就设置了一个网络安全密钥。该密钥可以对计算机通过网络发送到另一台计算机的信息进行加密。接收方计算机需要该密钥才能对信息进行解码,这样其他计算机上的用户就难以在没有得到允许的情况下连接到网络并访问文件。

图 6-17　宽带路由器无线网络安全设置

WPA——Wi-Fi 保护访问,WPA 旨在提高 WEP 的安全性。与 WEP 类似的是,WPA 也会对信息进行加密,但 WPA 会检查网络安全密钥以确保其未被修改。WPA 还会对用户进行身份验证,以帮助确保只有通过验证的人才能访问网络。如果网络硬件既可以使用 WEP 安全又可以使用 WPA 安全,则建议使用 WPA。有两种类型的 WPA 身份验证:WPA 和 WPA2。WPA 专门用于所有无线网络适配器,但可能无法用于老式路由器或访问点。WPA2 比 WPA 更安全,但无法用于某些老式网络适配器。WPA 专门用于向每个用户分发不同密钥的 802.1X 身份验证服务器,这称为 WPA-企业或 WPA2-企业。WPA 还可以在预共享密钥(PSK)模式下使用,该模式下会授予每个用户相同的密码,这称为 WPA-个人或 WPA2-个人。802.1X 身份验证可帮助增强 802.11 无线网络及有线以太网网络的安全性。802.1X 使用身份验证服务器验证用户并提供网络访问。在无线网络上,802.1X 可用于有线对等保密(WEP)或 Wi-Fi 保护访问(WPA)密钥。该身份验证类型通常在连接到办公网络时使用。

在图 6-18 中,选择 ◉ WPA-PSK/WPA2-PSK,"认证类型""加密算法"使用默认的"自动"方式,在"PSK 密码"文本框中输入自己想设置的密码字符,这里输入字符串"tanggang1"作为密码,实际使用过程中,密码尽量使用较长字母、数字,防止黑客暴力破解,最后单击当前界面下方的"保存"按钮进行保存。

通过上述对路由器的设置,只要将计算机通过网线连接到路由器的 LAN 口,即可上网了。对于笔记本电脑、平板电脑、Wi-Fi 智能手机等设备,需要通过设备上的无线网卡搜索设置的无线路由器 SSID 号,根据提示输入正确的密码,即可以连接到互联网,如图 6-18 所示。

单击计算机屏幕下方任务栏里的 ▦▤▥◉◉◀ ᵘ᷎⁵᷎₆ 椭圆所示的网络连接图标,即可弹出在网络连接窗口,选择前面设置的无线路由器的 SSID 号 MyWiFi,单击"连接"按钮,在弹出如图 6-19 所示的对话框中输入无线网络设置的密码 tanggang1,单击"确定"按钮,这时就能正常地使用无线网络上网了。

图 6-18　Windows 7 网络连接

图 6-19　输入无线网络密钥

在"网络和共享中心"窗口中可以看到当前计算机的基本网络信息状态,如图 6-20 所示。

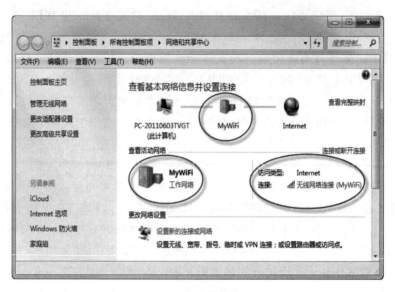

图 6 - 20　基本网络信息状态

6.4.2　文件共享

与他人共享文件,目的在于将当前计算机上的部分资源共享给同一个网络中的其他计算机或设备使用。在 Windows 7 中,可以与他人共享单个文件和文件夹,甚至整个库。共享某些内容最快速的方式是使用新的"共享对象"菜单。用户能看到的选项取决于共享的文件和计算机连接到的网络类型:家庭组、工作组或域。

1. 在家庭组共享文件

使用 Windows 7,可以更轻松地与家里或办公室中的人们共享文档、音乐、照片及其他文件。

家庭组,在家即可轻松共享,在家庭网络上共享文件的最简单方法就是创建或加入家庭组。什么是家庭组? 家庭组是可分享图片、音乐、视频、文档甚至打印机的一组个人计算机。必须是运行 Windows 7 的计算机才能加入家庭组。

设置或加入家庭组时,将告知 Windows 哪些文件夹或库可以共享,哪些保留专用。然后 Windows 在后台工作,在相应的设置间进行切换。除非授予权限,否则其他人将无法更改共享的文件。还可以使用密码保护自己的家庭组,可以随时更改该密码。

在家庭组中共享文件和文件夹的步骤如下:

用鼠标右键单击要共享的项目,然后单击"共享对象"。这里选择"常用工具"文件夹,然后单击菜单栏的"共享",弹出如图 6 - 21 所示的菜单,选择其中一项,即可。

如果选择的是"特定用户",则会弹出 6 - 22 所示的"文件共享"窗口,这里可以根据共享需要选择要与其共享的用户。

① 家庭组(读取)。此选项与整个家庭组共享项目,但只能打开该项目。家庭组成员不能修改或删除该项目。

② 家庭组(读取/写入)。此选项与整个家庭组共享项目,可打开、修改或删除该项目。

③ 特定用户。此选项将打开文件共享向导,允许用户选择与其共享项目的单个用户。

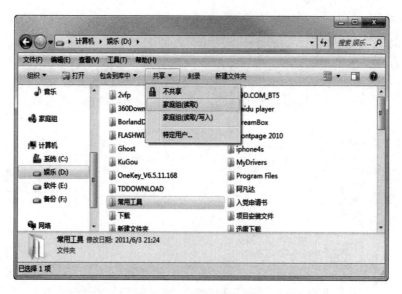

图 6 - 21　家庭组共享文件

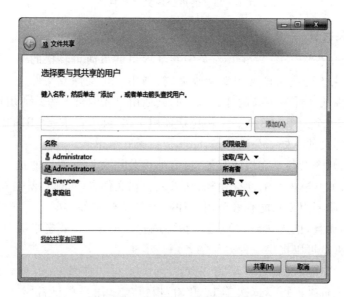

图 6 - 22　选择要与其共享的用户

2．与每个人、某个人共享

家庭组为自动共享音乐、图片等提供了快捷便利的途径。但是对于无法自动共享的文件和文件夹，或者当在办公室时，这种情况下，就需要使用新的"共享对象"菜单。使用"共享对象"菜单，可以选择个别文件和文件夹并与他人共享。在菜单上看到的选项取决于用户选择什么类型的项目，以及当前计算机所连接的网络类型。

个人共享步骤如下：

① 右键单击要共享的项目，单击"共享对象"，然后单击"特定用户"，如图 6 - 23 所示。

② 在"文件共享"向导中，单击文本框旁的箭头，从列表中单击名称，然后单击"添加"，再单击"共享"按钮即可。

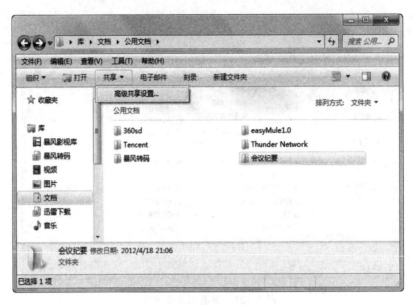

图 6 - 23　使用公用文件夹共享

3. 公用文件夹共享

"共享对象"菜单提供了在 Windows 7 中共享项目的最简单轻松的途径。但是还有另一个选项:公用文件夹。这些文件夹类似于收件箱;当用户将文件或文件夹复制到公用文件夹时,就立即使该文件或文件夹可以供计算机上的其他用户或网络上的其他用户使用。

每个库中均有一个公用文件夹。示例包括公用文档、公用音乐、公用图片和公用视频。默认情况下,公用文件夹共享处于关闭状态,除非是在家庭组中。

如果临时要与几个人共享文档或其他文件,那么公用文件夹就很便捷。这也是一种跟踪当前计算机与他人的共享内容的便捷途径;如果内容在文件夹中,则它就是共享的。

其缺点是无法限制用户只能查看公用文件夹中的某些文件。要么可查看所有文件,要么什么也查看不了。而且,也无法对权限进行精确调整。但是,如果这些都不是重要的考虑因素,那么公共文件夹就可以提供一种方便的备用共享途径。

通过将文件和文件夹复制或移动到 Windows 7 公用文件夹之一(如公用音乐或公用图片)来共享文件和文件夹。可以依次单击"开始"按钮 、用户账户名称,然后单击"库"旁边的箭头展开文件夹进行查找,参见图 6 - 23。

默认情况下,公用文件夹共享处于关闭状态(除非是在家庭组中)。"公用文件夹共享"打开时,计算机或网络上的任何人均可以访问这些文件夹。在其关闭后,只有在需要访问共享文件夹的计算机上具有对方用户账户和密码的用户才可以访问。

打开或关闭"公用文件夹共享"的步骤如下:

① 单击"高级共享设置",弹出网络配置文件窗口,如图 6 - 24 所示。

② 在弹出的窗口中单击图标 展开"公用(当前配置文件)",如图 6 - 25 所示。

③ 在"公用文件夹共享"下,选择下列选项之一参见图 6 - 25:

➢ 启用共享以便可以访问网络的用户可以读取和写入公用文件夹中的文件。

➢ 关闭公用文件夹共享(登录到此计算机的用户仍然可以访问这些文件夹)。

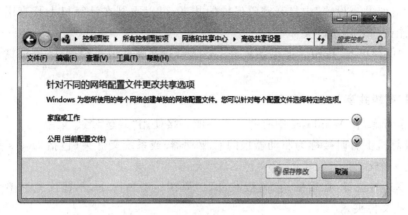

图 6 - 24　网络配置文件窗口

图 6 - 25　高级共享设置窗口

④ 打开或关闭密码保护的共享。

在"密码保护的共享"下,选择下列选项之一:

➤ 启用密码保护的共享。

➤ 关闭密码保护的共享。

通过在"高级共享设置"中打开密码保护的共享,可以限制在计算机上具有用户账户和密码的用户才能访问公用文件夹。

⑤ 单击"保存更改"按钮。如果系统提示输入管理员密码或进行确认,则请输入该密码或提供确认。

4. 使用"高级共享"

出于安全考虑,在 Windows 中有些位置不能直接使用"共享对象"菜单共享。共享整个驱动器(例如计算机上有时被称为驱动器根的 C 驱动器)或系统文件夹(包括 Users 和 Windows 文件夹)就是一个示例。

若要共享这些位置,必须使用"高级共享"。但在一般情况下,不建议共享整个驱动器或 Windows 系统文件夹。

使用"高级共享"共享的步骤如下:

① 右键单击驱动器或文件夹,单击"共享对象",然后单击"高级共享",这里示例共享卷标为"软件"的磁盘 E,在磁盘 E 上单击鼠标右键,在弹出的菜单中选择"共享"|"高级共享"命令,如图 6 - 26 所示。

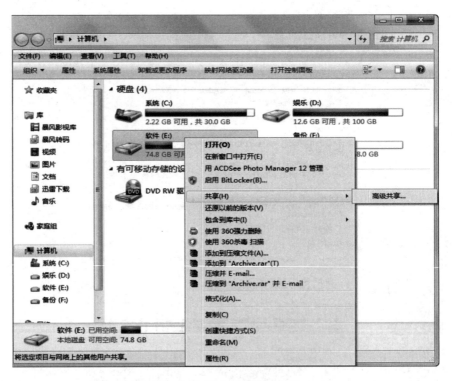

图 6 - 26   整个磁盘高级共享

② 在显示的对话框中,单击"高级共享"按钮,如图 6 - 27 所示。如果系统提示输入管理员密码或进行确认,则输入该密码或提供确认,接着弹出"高级共享"窗口,如图 6 - 28 所示。

③ 在"高级共享"对话框中,选中"共享该文件夹"复选框,如图 6 - 28 所示。

④ 若要指定用户或更改权限,则单击"权限"按钮,出现"E 的权限"对话框,如图 6 - 29 所示。

⑤ 单击"添加"或"删除"按钮来添加或删除用户或组,如图 6 - 30 所示。

⑥ 选择每个用户或组,选中要为该用户或组分配的权限对应的复选框,然后单击"确定"按钮。

⑦ 完成后,单击"确定"按钮。

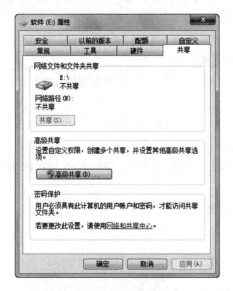

图 6 - 27　"共享"选项卡

图 6 - 28　"高级共享"对话框

图 6 - 29　共享对象的权限设置

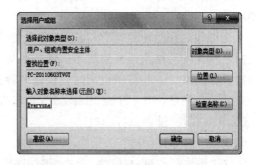

图 6 - 30　高级共享选择用户或组

6.4.3　打印机共享

在家庭网络中的个人计算机使用打印机有以下两种基本方式:

➢ 直接连接到一台计算机,然后与网络上的其他人共享。

➢ 在网络中以独立设备的方式连接打印机。

下面介绍在 Windows 7 中如何操作这两种方式。但是,用户必须仔细查阅随打印机型号提供的信息,以了解特定的安装和设置说明。

1. 设置共享打印机

通常,在家庭网络中共享打印机的最常见的方式是将打印机连接到其中一台个人计算机,然后在 Windows 中设置共享,这称为"共享打印机"。

共享打印机的优点是它可与任何 USB 打印机协同工作。缺点是主机必须打开,否则网络中的其他计算机将不能访问共享打印机。

在以前版本的 Windows 中,设置共享打印机需要技巧。但是,在 Windows 7 中被称为"家庭组"的新的家庭网络功能已经极大地简化了此过程。

将某个网络设置为家庭组时,此网络上的打印机和特定文件将会自动共享,在"文件和打印机共享"项中,选择 ◉ 启用文件和打印机共享 。

如果已经组建了一个家庭组并希望从家庭组的另一台个人计算机访问共享打印机,只需按以下步骤手动连接到家庭组打印机操作,步骤如下:

① 在物理连接打印机的计算机上,单击"开始"按钮 ▣ ,再单击"控制面板",在搜索框中输入家庭组,然后单击"家庭组"。

② 请确保已选中"打印机"复选框(如果没有,则选中,然后单击"保存更改")。

③ 转到要从中打印的计算机。

④ 单击打开"家庭组"。

⑤ 单击"安装打印机"。

⑥ 如果尚未安装该打印机的驱动程序,则在出现的对话框中单击"安装驱动程序"。

2. 设置网络打印机

"网络打印机"(设计为作为独立设备直接连接到计算机网络中的设备)在大型办公室中被广泛使用。现在打印机制造商越来越多地提供各种适用于家庭网络中的网络打印机的廉价的喷墨打印机和激光打印机。网络打印机与共享打印机相比有一个非常大的优势,就是随时可以使用。

网络打印机有两种常见类型:有线和无线。有线打印机有一个以太网端口,用户可以通过以太网电缆连接到路由器或集线器。无线打印机通常使用 Wi-Fi 或 Bluetooth 技术连接到用户的家庭网络。一些打印机同时提供这两种选项。

安装一个网络、Wi-Fi 或 Bluetooth 打印机的步骤如下:

① 单击打开"设备和打印机"。

② 单击"添加打印机"。

③ 在"添加打印机向导"中,单击"添加网络、无线或 Bluetooth 打印机"。

④ 在可用的打印机列表中,选择要使用的打印机,然后单击"下一步"按钮。

⑤ 如有提示,请单击"安装驱动程序"在计算机中安装打印机驱动程序。如果系统提示输入管理员密码或进行确认,则输入该密码或提供确认。

⑥ 完成向导中的其余步骤,然后单击"完成"按钮。

思考与练习

一、选择题

1. 局域网的网络硬件主要包括网络服务器、工作站、(　　)和通信介质。

    A. 计算机　　　　　B. 网卡　　　　　　C. 网络拓扑结构　　　D. 网络协议

2. 下列叙述中,错误的是(　　)。

    A. 发送电子邮件时,一次发送操作只能发送给一个接收者

    B. 收发电子邮件时,接收方无须了解对方的电子邮件地址就能发回邮件

    C. 向对方发送电子邮件时,并不要求对方一定处于开机状态

    D. 使用电子邮件的首要条件是必须拥有一个电子信箱

3. 电子邮件的特点之一是(　　)。

    A. 采用存储-转发方式在网络上逐步传递信息,不如电话直接、即时,但费用较低

    B. 在通信双方的计算机都开机工作的情况下,方可快速传递数字信息

    C. 比邮政信函、电报、电话、传真都更快

    D. 只要在通信双方的计算机之间建立直接的通信线路后,便可快速传递数字信息

4. 计算机网络最突出的优点是(　　)。

    A. 运算速度快　　　B. 运算精度高　　　C. 存储容量大　　　D. 资源共享

5. 为网络提供共享资源并对这些资源进行管理的计算机称之为(　　)。

    A. 网卡　　　　　　B. 服务器　　　　　C. 工作站　　　　　D. 网桥

6. 所谓互联网是指(　　)。

    A. 大型主机与远程终端相互连接起来

    B. 若干台大型主机相互连接起来

    C. 同种类型的网络及其产品相互连接起来

    D. 同种或异种类型的网络及其产品相互连接起来

7. 常用的通信有线介质包括双绞线、同轴电缆和(　　)。

    A. 微波　　　　　　B. 红外线　　　　　C. 光缆　　　　　　D. 激光

8. Internet 网络协议的基础是(　　)。

    A. Windows NT　　B. NetWare　　　　C. IPX/SPX　　　　D. TCP/IP

9. TCP 的主要功能是(　　)。

    A. 进行数据分组　　　　　　　　　　　B. 保证可靠传输

    C. 确定数据传输路径　　　　　　　　　D. 提高传输速度

10. 主机域名 public. tpt. hz. cn 由四个子域组成,其中(　　)表示最高层域。

    A. public　　　　　B. tpt　　　　　　　C. hz　　　　　　　D. cn

二、判断题

1. 网络新闻组(Usenet)是 WWW 中发布新闻的页面。(　　)

2. WWW 中的超文本文件是用超文本标记语言写的。(　　)

3. FTP 提供了 Internet 上任意两台计算机相互传输文件的机制,因此它是用户获得大量 Internet 资源的重要方法。(　　)

4. 当拥有一台 586 个人计算机和一部电话机,只要再安装一个调制解调器(Modem),便可将个人计算机连接到 Internet 上了。(　　　)

5. 向对方发电子邮件时,对方计算机应处于打开状态。(　　　)

6. 与 Internet 的连接可以通过电话线和调制解调器,也可以通过局域网连接。(　　　)

7. 浏览的实时的网页一定不要求当前计算机是在线状态。(　　　)

8. 网页中表格的行高可以调整,列宽不能调整。(　　　)

9. 无线路由器越靠近金属柜体,其信号强度越高。(　　　)

10. 带无线网卡的笔记本电脑一定要通过网线连接才能上网。(　　　)

三、问答题

1. 什么是网络协议? TCP/IP 的作用是什么?

2. 如何让别人看到自己做的网页?

3. 什么是 IP 冲突? 全世界如何保证不产生 IP 冲突?

4. 在无线网络中 SSID、信道的作用?

5. 理解无线网络安全认证方式中的 WPA - PSK/WPA2 - PSK、WPA/WPA2、WEP 认证的特点和安全性能,通常无线宽带路由器使用哪种认证?